U0595827

融媒体时代
科学普及示范平台建设研究
——以《科创中国·院士开讲》栏目为例

柏 坤 张 帅／著

学苑出版社

图书在版编目（CIP）数据

融媒体时代科学普及示范平台建设研究：以"科创中国·院士开讲"栏目为例 / 柏坤，张帅著 . —北京：学苑出版社，2024.1

ISBN 978-7-5077-6918-0

Ⅰ . ①融… Ⅱ . ①柏… ②张… Ⅲ . ①科学普及—研究—中国 Ⅳ . ① N4

中国国家版本馆 CIP 数据核字（2024）第 051993 号

出 版 人：洪文雄

责任编辑：乔素娟　孟　玮

出版发行：学苑出版社

社　　址：北京市丰台区南方庄 2 号院 1 号楼

邮政编码：100079

网　　址：www.book001.com

电子邮箱：xueyuanpress@163.com

联系电话：010-67601101（营销部）　010-67603091（总编室）

印 刷 厂：北京建宏印刷有限公司

开本尺寸：710 mm × 1000 mm　1 / 16

印　　张：16.5

字　　数：260 千字

版　　次：2024 年 1 月第 1 版

印　　次：2024 年 1 月第 1 次印刷

定　　价：98.00 元

前　言

　　在当今社会，经济和文化的快速发展使得公民科学素养的重要性更为凸显，公民的科学素养不仅关乎个人生活的改变，也对建设创新型国家有着重要的意义。随着社会创新的步伐持续加快，提升公众科学素养水平成为建设科技强国过程中的一个重要环节，科学普及也被提升到与科技创新同样重要的位置，这为新时代科学普及的创新发展提供了契机。

　　科学普及是将科学知识以易于理解的方式传递给大众，使大众能够理解科学原理，认识科学真理，领略科学之美，以科学的态度和方法对待生活中的事物。科学普及的最终目的，是提高全民的科学素质，培养全民科学精神，推动科技进步与社会发展。随着互联网技术的发展和大众传媒的进步，科学普及工作的方式与渠道也在不断发展与变革，尤其是融媒体的出现，给科学普及工作带来了新的机遇，也带来了新的挑战。融媒体代表的是一种新的传媒生态，不仅仅是传统媒体和新媒体的简单结合，更是一种全新的、创新的媒体呈现方式。融媒体时代的信息传播特点，是全方位、全媒体、全时空，这使得科学普及工作能够覆盖到更广泛的受众，形式更加丰富多样，效果更加立体全面，进入科学传播的全新时代。但同时，这也对科普工作者的专业能力、科普工作的组织与管理、科普内容的创新与呈现，提出了更高的要求。

　　本书以数字平台科普栏目为例，对融媒体时代科学普及示范平台建设进行研究，全书共由五章组成。第一章介绍了科学普及工作在融媒体语境下的意义、机遇与挑战。科学普及工作的意义不仅在于传播科学知识，更在于推动科技的发展和应用，提高公众的科学素养，培养创新精神和批判思维。该章深入讨论了融媒体语境下科学普及工作的机遇与挑战、国内外研究现状，并对科学普及工作的研究方法与路径进行了梳理。第二章深入探讨了数字平台科普栏目的特点。对成功案例进行了内容和形式分析，在内容方面，注重节目内容的科学性、针对性、新颖性，同时探讨了科学话题的选择与呈现；在形式方面，研究了讲座式、采访式等各种节目形式的特点及其优势。此外，还对一些科普栏目案例进行了分析，以期为科普工作提供可借鉴的经验。第三章重点介绍了融媒体技术在科普示范平台中的应用。该章深入阐述了融媒体技术的定义、特点以及发展趋势，探讨了融媒体技术在内容创新、传播策略与渠道优化中的应用，并通过案例分析，进一步展示了融媒体技术在科普示范平台中的应用。第四章对科普示范平台进行了评估与优化。首先介绍评估方法与指标，然后探讨如何通过内容优化、传播渠道与形式优化，提升科普示范平台的效果，最后通过案例分析，展示了科普示范平台评估与优化的过程。第五章是对全书的总结和展望。对融媒体时代科学普及工作的研究成果进行总结，同时展望了科普示范平台的未来发展趋势。未来的科普示范平台将更加注重技术创新、内容与形式的多样化，同时，也对本书研究的局限性、未来的研究方向与挑战进行了探讨。

科学普及工作的未来发展，离不开技术的创新与发展，也离不开内容与形式的多样化。在新时代，科普工作面临诸多机遇，比如人民群众对科学文化品质化、个性化、多元化的需求，融媒体技术拓展了科普宣传的方式与渠道，公众综合素质普遍提升对科普的需求持续增强，国家政策支持及科普信息市场扩大带来良好发展机遇等等。同时，我们也应该看到，科普工作面临着一些挑战，比如科普工作服务创新驱动的层次不够、科普资源开发队伍不足、科普人员结构有待优化，科普与科创的协同创新管理机制有待进一步健全，等等。

希望本书能够为科普工作者和关心科学普及工作的读者，提供一些新的思考角度和工作建议，也希望本书能够为推动科学普及工作的发展，提供一点微薄的力量。同时，也期待读者们的批评与指正，让我们共同推动科学普及工作的发展。

目 录

第一章
导　论

一、融媒体语境下科学普及工作的意义、机遇与挑战

（一）融媒体时代信息传播的特点

随着新一轮科技革命和产业变革不断加速，当前社会正在经历一场全方位、多层次、内涵丰富、持续演进的系统性变革。大数据、云计算、移动通信技术打破了媒介的介质壁垒，形成了相互融合的媒介生态新格局。2014年，习近平总书记强调要"遵循新闻传播规律和新兴媒体发展规律""强化互联网思维"，2019年1月，习近平总书记做出"推动媒体融合，建设全媒体"的重要指示。2021年6月25日，国务院印发的《全民科学素质行动规划纲要（2021—2035年）》提出"着力打造社会化协同、智慧化传播、规范化建设和国际化合作的科学素质建设生态"，对应提出"科普信息化提升工程"要"推动传统媒体与新媒体深度融合，建设即时、泛在、精准的信息化全媒体传播网络"，提出"实施全媒体科学传播能力提升计划"要"推进图书、报刊、音像、电视、广播等传统媒体与新媒体深度融合，鼓励公益广告增加科学传播内容，实现科普内容多渠道全媒体传播"

等重要部署。2021年11月，党的十九届六中全会通过《中共中央关于党的百年奋斗重大成就和历史经验的决议》，强调要"高度重视传播手段建设和创新，推动媒体融合发展，提高新闻舆论传播力、引导力、影响力、公信力"。2022年10月，习近平总书记在中国共产党第二十次全国代表大会上的报告中作出"加强全媒体传播体系建设，塑造主流舆论新格局"的指示。2023年1月1日，习近平总书记在致经济日报创刊40周年的贺信里表达"经济日报深入学习贯彻党的二十大精神，坚持正确政治方向，创新经济报道理念和方式，加快构建全媒体传播体系，为推动中国经济高质量发展，讲好新时代中国经济发展故事作出新的更大贡献"的嘱托。上述一系列重要论述和部署为新时代媒体发展和传播方式的变革指明了方向，提供了根本遵循。

媒体融合不仅包括了媒体表面形态的融合，还包括了媒体功能、传播内容、传播手段、组织结构等要素的深层次融合。当前，媒体融合持续加速，通过整合广播、电视、报纸、期刊等传统媒体与互联网的优势，全面提升媒体融合发展功能和价值，使单一媒体的竞争力转化为多媒体协同聚合的竞争力。"融媒体"是媒体融合过程中出现的阶段性成果，是将广播、报纸、电视、互联网等多种媒介进行全面整合，全面提升媒体融合发展价值和功能的一种运作模式。"融媒体"概念最早提出于2009年："'融媒体'是充分利用互联网这个载体，把广播、电视、报纸这些既有共同点，又存在互补性的不同形式的媒体在人力、内容、宣传等方面进行全面整合，实现资源通融、内容兼容、宣传互融、利益共融的新型媒体"[①]。随着新兴媒体的不断演进，理论研究和实践的不断发展，"融媒体"的概念也在不断深化。2019年，张成良在《融媒体传播论》一书中将"融媒体"定义为："利用网络大数据技术赋能，通过广泛融合不同媒介形态而整合成的新型媒介

---

① 庄勇. 从"融媒体"中寻求生机的思考与探索［J］. 当代电视，2009（4）：18-19.

总称。它利用赋能技术使万物皆媒，其中大数据技术是连接众媒介的核心纽带。它是通过泛化既往形态，形成的以场景为核心、以媒介为形态为场景入口的新型媒介形态。"[①]这一定义更加强调了互联网思维和新技术在媒介融合中的重要性，拓展了融媒体的范围，且引入了系统研究的视角，可以认为在融媒体概念上实现了突破。2023年，业界对"融媒体"给出了新定义："'融媒体'顾名思义就是把广播、电视、报纸、网络等不同媒体，在人力、内容、宣传等方面进行全面整合，实现'资源通融、内容兼容、宣传互融、利益共融'的新型媒体。以文字、声音、影像、动画、网页等多种媒体表现手段，利用广播、电视、音像、电影、出版、报纸、杂志、网站等不同媒介形态，通过融合的广电网络、电信网络以及互联网络进行传播，最终实现用户以电视、电脑、手机等多种终端均可完成信息的融合接收，实现任何人、任何时间、任何地点、以任何终端获得任何想要的信息。"[②]这一定义是在实践层面对融媒体概念的扩展与深化。

融媒体语境下，媒体传播格局、舆论样态、媒体环境、传播理念、传播内容、传播方式及传播主体与受众的关系都发生了深刻的变化，媒体间的深度融合已经成为媒体发展的必然趋势，具体表现为媒介形式更加丰富多样。融媒体使不同媒介之间的边界由清晰变得模糊，传统媒体与新媒体产生聚合效应，从而达到更好的传播效果。在渠道开拓上，融媒体不仅仅局限于先前的单介质，除了将同一信息客体以不同符号形式（文字、图片、音频或视频）编码后进行"跨介质"（广播、电视、印刷媒介、网络平台等）传播外，还继续进行"跨平台"如有线平台、无线平台、卫星平台等传播。[③]

在融媒体传播内容上，类型更加多样，不仅有文字、图片、音频、视频，还包括了H5、VR等形式。融媒体背景下，信息传播者借助不同媒体

① 张成良.融媒体传播论［M］.北京：科学出版社，2019：39.

② 赵亚宜.新型媒体"融媒体"概述［EB/OL］.视讯观察，2023–03–23.

③ 栾轶玫.融媒体传播［M］.北京：中国金融出版社，2014：34.

的传播特质，将单一的文本转化为多类型、生动的信息传播内容，调动受众的多种感官系统，使公众在领悟、分享过程中，实现传播内容的升级和升华。与此同时，传播形式也类型多样，包括实验操作类、真人演讲类、动画模拟类等，可满足公众不同的需求。由于新媒体技术的应用，公众浏览资讯的方式更多，获取信息的数量也更多。微博、微信、快手、抖音等新媒体平台，开发出传统媒介所不具备的转发、评论和点赞等互动功能。大众自发主动地参与信息传播，由被动的接受者转变为主动的选择者。他们自主选择信息接收内容，对内容供给的质量与深度期待更高。融媒体环境下，信息传播速度明显加快、传播终端数量激增，信息传播互动、实时、开放。信息传播主客体之间的互动跨越了时空界限，可以在任何时间、任何地点进行交流。传播者可以在受众最需要的时间、以最快的速度向受众传达信息，也可以在第一时间直接获得传播效果的反馈，及时改善和提升传播效果。受众反馈方式多样化，信息传播空间向立体化开放格局转变。[①]信息传播者和受传者关系平等，"人人都是自媒体"。此外，融媒体凭借场景式传播，在不同终端可以形成不同的场景入口，提高传播效率。融媒体的场景不仅是媒体传播场景，也是用户信息生产传播的重要平台。用户在信息生产和传播场景之间建立起稳定的关系，一方面改变场景的时空，另一方面不断链接传播虚拟场景的入口，形成场景不断溢出的物理环境。这样的传播不受时空限制，从而构建了一个互联互通的网状传播体系。

（二）科学普及的内涵及意义

科学普及简称科普，又称大众科学或者普及科学，是指利用各种传媒以浅显、通俗易懂的方式，让公众接受自然科学和社会科学知识、推广科学技术的应用、倡导科学方法、传播科学思想、弘扬科学精神的活动。从

---

① 史红霞，孙建刚.融媒体时代科普传播创新研究［J］.邯郸学院学报，2022，32（4）：107-111.

本质上说，科学普及是一种社会教育。[①]科学普及作为一种社会教育，不同于学校教育和职业教育，是一种社会化、经常化、群众化的普及方式。《中华人民共和国科学技术普及法》（以下简称《科普法》）以法律形式阐释了科学普及的概念，指出科学普及是一种公益性事业，是社会主义建设下促进物质精神文明的关键手段，开展科学知识普及活动要利用公民能够理解和接受的方式来传播科学知识、教授科学办法、传递科学理念。这一定义明确了科学普及对象包括全体公民，在方式上要便于公众理解、接受及参与。

随着移动互联、即时通信技术的普及，科普信息的创造、传播、扩散、应用达到了前所未有的规模和发展速度，科技创新发展和国民科学素质提升日益重要。融媒体为科普宣传提供了多样的渠道，人们打开手机便能获得源源不断的科普信息。而在大量信息的冲击下，科普信息变得真假混杂，难以筛选，监控不当就容易出现"漏网之鱼"。科学普及通过激发公众对科学的好奇心，帮助群众掌握科学知识、了解科学方法、形成科学思维，提高公众的科学文化素质，在全社会营造一种走近科学、鼓励创新的氛围，继而催生公众的创新意识和创新动力，提高公众的创新能力，推动科学技术的发展。科学普及和时代发展是相辅相成的，时代进步为科学普及奠定了基础，科学普及进而推动时代的进步。科技知识的传播不仅有助于科学自身的发展和科学知识转化为生产力，而且有助于提高全体社会成员的科学意识。加强科普工作，有助于营造社会科学氛围，有利于激发人民追求科学务实的思想，形成正确的价值观体系，有利于社会的发展和进步。

梳理我国科普政策的发展脉络，可以发现国家科普政策导向及科普理念的变化。1994年我国第一个全面论述科普工作的纲领性文件《中共中央国务院关于加强科学技术普及工作的若干意见》发布。2002年我国第一部科普法《中华人民共和国科学技术普及法》颁布。2006年国务院发布《全

---

① 苏皓东.科普普及的不仅仅是科技知识［J］.科技风，2019（4）：235.

民科学素质行动计划纲要（2006—2010—2020年）》，首次明确了"科学素质"的内涵。2012年科学技术部发布《国家科学技术普及"十二五"专项规划》。2021年12月，《中华人民共和国科学技术进步法》修订通过，规定国务院科学技术行政部门应当会同国务院有关主管部门，建立科学技术研究基地、科学仪器设备等资产和科学技术文献、科学技术数据、科学技术自然资源、科学技术普及资源等科学技术资源的信息系统和资源库，及时向社会公布科学技术资源的分布及使用情况。2021年6月，《全民科学素质行动规划纲要（2021—2035年）》发布，提出2025年中国公民具备科学素质的比例要超过15%，2035年要达到25%，2025年基本形成"科学普及与科技创新同等重要"的制度安排。2022年9月，中共中央办公厅、国务院办公厅发布《关于新时代进一步加强科学技术普及工作的意见》，要求推动科普全面融入经济、政治、文化、社会、生态文明建设，促进科普与科技创新协同发展。2022年10月，党的二十大报告提出要"培育创新文化，弘扬科学家精神，涵养优良学风，营造创新氛围""加强国家科普能力建设，深化全民阅读活动"。国家对于科普的政策导向从侧重于提升国家经济实力逐步转变到提高国家科技创新能力和公民科学素质。①科普的理念从过去注重传授知识、教授方法，演变为树立科学观念、涵养科学精神、培育创新精神和营造社会氛围；②从政府主导转变为政府引导、多元主体参与的社会化动员机制和市场化运行模式；从科学家向公众单向传输科学知识转变为科学共同体与公众的双向互动。随着科学技术的发展，多种传播渠道齐发的全媒体平台拓宽并加速了科普事业的发展，科普面对的社会场景也从要素型、线性化、条状化的模式跃迁为融合化、交互型、协同性

---

① 陈昆.科普信息化背景下的科学传播模型研究［D］.湖南师范大学，2016：39-41.

② 全国政协科普课题组.深刻认识习近平总书记关于科技创新与科学普及"两翼理论"的重大意义 建议实施"大科普战略"的研究报告（系列三）［N］.人民政协报，2021-12-17（7）.

的新生态。①科普的形式和主体日趋多样化、多元化，社会化协同、数字化传播、规范化建设、国际化合作的科普新生态已逐步形成。

在全国科技创新大会、两院院士大会和中国科协第九次全国代表大会上，习近平总书记强调："科技创新、科学普及是实现创新发展的两翼，要把科学普及放在与科技创新同等重要的位置。没有全民科学素质普遍提高，就难以建立起宏大的高素质创新大军，难以实现科技成果快速转化。希望广大科技工作者以提高全民科学素质为己任，把普及科学知识、弘扬科学精神、传播科学思想、倡导科学方法作为义不容辞的责任，在全社会推动形成讲科学、爱科学、学科学、用科学的良好氛围，使蕴藏在亿万人民中间的创新智慧充分释放、创新力量充分涌流"。②习近平总书记的重要指示为新时代科普事业发展指明了方向，为新时代的科普工作进行了明确定位，充分肯定了科普工作的重要性，极大增强了广大科普工作者的信心，激发了其创新创造活力。

科普通过传播和推广科技前沿理论与技术突破，增加科技创新曝光度，推动知识分配共享，让公众更易于接触、理解和体验科技成果，进而推动技术转移和市场开放，推进社会效益提升和科技创新。新一代科技和产业革命深入变革，数字经济蓬勃发展，世界进入新一轮历史性变革的"新常态"。应对时代发展迫切需要通过科学普及，形成全民合力，提升国家创新硬实力和软实力。

（三）科学技术普及工作的机遇

科学技术普及是国家和社会普及科学技术知识、弘扬科学精神、传播科学思想、倡导科学方法的活动，是实现创新发展的重要基础性工作。科学技

---

① 中国科学院科学传播研究中心. 中国科学传播报告（2022）［R］.北京：科学出版社，2022：206-207.

② 习近平. 为建设世界科技强国而奋斗——在全国科技创新大会、两院院士大会、中国科协第九次全国代表大会上的讲话［M］.北京：人民出版社，2016：18.

术普及是人类社会科学与技术系统得以产生和存续的基本前提，是科技发展的基本条件，是科技工作者进行科学发现和技术发明的基本支持。随着媒体融合向纵深发展，融媒体技术及传播体系将对科学普及产生深远的影响。

1.融媒体技术开拓了科普宣传的方式与渠道

融媒体是所有媒体、媒介的集大成者，通过整合资源实现优势互补。传统媒体和新媒体各有所长。传统媒体的公信力高、科普信息质量好，但是传播范围窄，传播速度慢，缺乏创意和互动，不能适应新时代"速食主义"的传播方式。新媒体传播范围广，传播速度快，互动性强，但是科普信息难以筛选，常为获取流量不择手段，标题党容易误导观众。而融媒体可以融合传统媒体和新媒体各自的优势，实现内容兼容、宣传兼容、利益兼容。大数据时代融媒体环境拓宽了资讯传播的途径，提高了资讯传播的效率。科普传播实践利用融媒体、大数据技术、信息技术以及网络渠道进行科普宣传，可在一定程度上优化国内科普传播工作结构，提高科普知识讯息的宣传效果。[①]

伴随着融媒体的产生，科普宣传不再仅限于文字、画面和声音，也不止见于报纸、广播、电视等传统媒介。抖音、快手、微博、微信公众号等融媒体通过巧妙的创意将这些资源完美地结合在一起，为观众带来视听上的享受。科普宣传在融媒体的"包装"下，不仅从严肃变得生动有趣，更加强了与观众的互动，变得更加"平易近人"。融媒体作为宣传知识的媒介，可以通过多种多样的信息宣传手段，促进不同群体、个体之间知识的交流共享，进一步缩小受众之间的认知差距，实现科普知识的广泛传播。

2.公众综合素质普遍提升，科普需求持续增强

随着我国公民基本素质的普遍提升，公众对科学文化知识的认识和需

---

① 刘泽林.大数据时代融媒体环境下的科普传播探析［J］.中国传媒科技，2021（12）：34−36.

求进一步增强，为科普工作提供了广阔的市场和社会基础。一方面，现代社会科技的快速发展，使得科学与人们的日常生活息息相关。公众对科普信息的需求和热情空前高涨。另一方面，由于教育水平的普遍提高，公众的综合素质和科学素质也随之提升。人们不再满足于简单地接收信息，而是更希望能深入理解和分析这些信息。这种趋势对科普工作者来说，无疑是一种鞭策，促使他们提供更深入、更严谨、更具创新性的科普内容。

3. 国家政策支持及科普信息市场扩大带来良好发展机遇

科普政策是国家为实现一定时期的科学技术普及任务而规定的行动准则和策略原则，是各类与科普相关的法律、条例、意见、纲要、规划、方案和通知等的总和。科普政策明确了科普工作的方向，同时协调和保障科普事业朝着一定目标有序发展。我国科普政策从发布数量上来看，经历了中华人民共和国初期少量科普政策出台，到改革开放后科普政策数量逐步增长，再到《中华人民共和国科学技术普及法》颁布以来科普政策数量激增的不同发展阶段。2002年我国颁布《科普法》，随后国家制定颁布了若干与科普工作和科学素质建设相关的政策法规，建设创新型国家等战略要求对我国科普政策体系和科普事业发展都产生了积极影响。2006年2月，国务院发布《国家中长期科学和技术发展规划纲要（2006—2020年）》，将"提高全民族科学文化素质，营造有利于科技创新的社会环境"列为重要内容，提出了"加强科普能力建设""建立科普事业的良性运营机制"等要点和措施，将科普与自主创新密切联系在一起，其相关举措与《科普法》的实施目标相一致，进一步强化了提升科学素质的政策目标。2006年6月，国务院颁布实施《全民科学素质行动计划纲要（2006—2010—2020年）》（以下简称《科学素质纲要》），将提升科学素质作为科普工作的目标，制定了针对青少年、农民、城镇劳动者、领导干部和公务员等重点人群的措施，夯实经济社会发展的人力资源基础。2021年，国务院颁布《全民科学素质行动规划纲要（2021—2035年）》（以下简称《科学素质纲要（2021—2035年）》），在已有公民科学素质建设的基础上，为新时代科普工作提供指导。经过中华人民共和国成立以来70多年的发展，我国逐步形成以《科普法》为核心的从中央到地方的"国家—部门—地方"科普政策体系。①

（四）科学普及工作面临的挑战

融媒体发挥多平台融合优势，扩宽了多元主体科普的渠道，推动科普从"铅与火""光与电"走到了"数与网"。②公众通过新媒体平台参与科普的能力与意愿日益增长。但在实际的科学传播过程中，仍存在媒体融合能力受限、传播意愿不强、传播内容与公众需求不匹配、传播话语转换困难等诸多问题。③除此之外，科普工作还面临基础设施覆盖不够、高端科普人才缺乏、前沿科技类内容少、应急科普机制尚未建立健全、网络科普作品质量参差不齐等问题。同时，全媒体环境也让科普面临前所未有的挑战。人人均可参与的网络传播叠加多元多样化的公众需求冲击着传统的科普理念、手段、体制、机制；打着科普旗号传播伪科学内容的现象并不鲜见；信息泛滥容易导致信息过载，增加了受众获取所需信息的成本，同质化集中推送导致的信息茧房甚至将受众引入歧途。这些都对科普实践形成挑战。④

① 王丽慧，王唯滢，尚甲，等.我国科普政策的演进分析：从科学知识普及到科学素质提升［J］.科普研究，2023，18（1）：78–86.
② 金晴.浅谈全媒体时代科技传播的现状及创新对策［J］.军事记者，2020（9）：2.
③ 刘晓程，赵玉琴.多维诉求：一线科研人员的科学传播认知调查［J］.科普研究，2020，15（05）：57–64，109.方涛.大众传媒科技传播与普及的现状、问题及对策解析［J］.中国传媒科技，2022（7）：60–61，77.
④ 王挺.融媒体时代科普的守正创新［J］.科普研究，2022，17（3）：1–2.

1. 科普工作服务创新驱动的层次不够

我国各地科技场馆的建设和硬件设施的更新换代已经取得长足进步，但如何提升科普软实力在创新链中的地位更为重要。然而，与硬件设备的更新不同，提升科普的软实力与其深度需求相比还存在明显差距。科技创新相关科普产品研发能力不足，科普场馆吸引力不足，在科普园区和科普基地建设上往往形式大于内容。围绕碳达峰碳中和、信息技术、生物医药、高端装备、新能源、新材料、节能环保等公众关注度高的科技创新热点持续性开展科普的能力相对薄弱。尤其是在量子技术、类脑科学等颠覆性突破性技术等方面，科普角色更为缺失。科协及科协所属学会、社会团体有很多优秀的科技工作者、专家、学者，但据中国科协统计，2020年科协及科办属下的协会提供决策咨询报告仅5099篇，这些优质资源在为科学发展建言献策方面的潜力有待挖掘。在科普经费的投入方面，按科技部发布的数据，2020年全社会研发投入经费支出是2.44万亿元，其中各级财政科学技术投入1.01万亿元，科普统计经费171.72亿元，仅占全社会研发投入经费支出的0.7%，仅占财政科学技术投入的1.7%。我国目前是世界最大的研发经费支出国之一，但是科普研发投入数量不足，这对于科学普及的层次提升形成掣肘。[①]

2. 科普资源开发队伍不足，科普人员结构有待优化

科普资源开发队伍不足是影响科普在科技创新支撑方面发挥作用的重要因素。相对于其他专业技术人才，从事科普工作的专业技术人员的职称评审以往只能与图书情报、博物馆员或工程师系列的专业技术职称挂钩，不能涵盖科普专业技术人员的专业技术需求。目前只在几个省设有专门的科普职称序列，如北京、湖南设立了科学传播方向的专业职称，广东在自

---

① 叶琴. 新时代科普工作在建设科技强国中的使命 [J]. 科技中国，2022（10）：88-91.

然科学领域设立了科学普及方向的专业职称。科普专业技术人才的上升通道受阻，影响优秀的科技工作者投身于科普事业。鼓励科技工作者参与科普工作的科学机制还未形成。2020年，全国科技工作者按全口径数量为9100万，其中科普专兼职人员181.3万人，占比仅2%，兼职人员的比例有很大的提升空间。全国科普专职人员为24.84万人，但是专职人员中大约有七成属于教育系统从事科普教育的教师，承担对其他年龄层次公民教育的科普专兼职人员远远达不到需求。科普资源开发队伍的主力军是专职科普创作人员，2020年仅1.85万人，不到科普讲解人员的一半。科普在公众教育中的作用还远远没能发挥。①

3. 科普与科创的协同创新管理机制有待进一步健全

科技管理部门和科协系统作为科创与科普的管理部门，是自上而下两个独立的体系，有各自不同的职能范围，在推动科技创新过程中二者的交集不多。尤其是在基层，科技管理部门的科技创新布局与科普工作的融合度不足，存在脱节现象。在各地方颁布实施的科技创新规划、管理办法、行动计划中，科普往往所占比重极小。而在科普工作的规划设计中，涉及科技创新前沿技术、科技创新资源要素等方面的内容也相对体现不足。科普教育体系中紧跟科技强国建设的内容也显得体系化不足。具体而言，中小学科学课程具有基础性、全面性，但前瞻性内容更新慢，终身教育体系存在碎片化现象，科普图书或科技期刊影响力不足。科普与科技创新双向发力的机制尚未形成。目前，我国建设正在大力完善科研诚信体系、科研评价体系，保障科技自立自强的机制体制。在科研创新体系建设中，敢于冒尖、大胆质疑、敢为人先的创新自信与科学理性精神的塑造是一致的，但是在科普工作中，我们在科学素质建设的机制和实施策略上仍有所欠缺，

① 叶琴. 新时代科普工作在建设科技强国中的使命［J］. 科技中国，2022（10）：88-91.

尤其是在倡导创新文化、建议宽容失败的容错纠错机制时，科普的重要性并未得到充分的体现。

4. 科普内容质量参差不齐

新媒体的门槛不高、运营成本低、监管难，这些因素导致了科普信息难以鉴别。不少中老年人因为接触网络较少，不适应网络传播节奏，而轻信、误信微信公众号平台上某些所谓的科普信息，并通过群转发的方式以讹传讹，造成了不小的危害。[①]部分新媒体平台因门槛低、自由度高，导致科普传播内容虚假、质量下降，或出现科普传播内容泛滥的现象。虚假的科普信息传播不利于受众认知水平的提升，极易引发受众的误解。[②]

5. 科普的相关法律法规不完善

科普传播的主要目的就是让公众了解科学知识，改变公众的错误认知。大数据时代融媒体环境下，国家、各级政府及区域信息安全监管中心应针对科普传播持续完善相应的法律，并强化行政管理的力度，通过规范新媒体平台中科普知识的传播内容更好地规避虚假科普，控制科普信息量，继而为受众接收科普知识提供一个良好的平台环境。[③]从现有的情况看，目前关于科普方面的法律法规，只有《中华人民共和国科学技术普及法》《中华人民共和国科学技术进步法》《中华人民共和国保密法》等。随着社会的进步应该出台更加细致的法律，明确科普传播的主题、传播的途径、传播的范围，使真科学光明正大地传播，伪科学无处遁形，让科普传播事业

---

① 黄茜，冯力妮，吴霏. 融媒体时代下科普宣传面临的挑战和机遇［J］. 技术与市场，2022，29（10）：144-145，149.

② 刘泽林. 大数据时代融媒体环境下的科普传播探析［J］. 中国传媒科技，2021（12）：34-36.

③ 刘泽林. 大数据时代融媒体环境下的科普传播探析［J］. 中国传媒科技，2021（12）：34-36.

尽快走上法制化、制度化的轨道。

6. 科普资源共享平台建设度有待提高

科普资源是科普能力的载体，国家的科普能力决定了其向公众提供科普产品和服务的综合实力。[①]由于目前科普资源共享平台建设度有待提高，各类科普内容资源大都分散在各大网站上，不少优质的科普资源受限于公众的检索能力而出现闲置或浪费，无法得到有效的传播。[②]建立科普资源共享平台后，应对科普资源平台中的各部分内容进行准确分类，让现有的科普资源能够更好地服务于科普工作。

科技传播，始终围绕着科学本身、科技传播者、传播媒介、公众这几个方面展开。媒体在科技传播中一直扮演着重要角色。第十一次公民科学素质调查数据显示：通过电视、互联网及移动互联网获取科技信息的公民比例分别为85.5%和74.0%，其中将互联网及移动互联网作为首选的公民比例为49.7%。除此之外，公民获取科技信息的渠道依次为：亲友同事（36.2%）、广播（32%）、期刊（21.2%）和图书（20.9%）等。[③]融媒体传播体系对科技传播形成了深远影响。从科学本身来看，即使是无争议的科学知识，也会因一系列因素导致传播变得复杂，如科学信息的复杂度，人们处理信息方式的差异，社会影响、网络、规范、群组成员身份等的复杂性。融媒体传播体系会极大地放大上述科技传播的复杂性，当科学话题具有争议性时，特别是在突发事件中，争议性又被扩大，融媒体传播环境下的公众类型更多、争议也更为聚焦。从传播者来看，在与科学相关的争议

① 田红灯，朱慧，甘国娟，等."双碳"目标视阈下林业科普的意义、挑战及策略［J］.中南农业科技，2023（5）：192-195，199.

② 王明，杨家英，郑念.关于健全国家应急科普机制的思考和建议［J］.中国应急管理，2019（8）：38-39.

③ 何薇，张超，任磊，等.中国公民的科学素质及对科学技术的态度：2020年中国公民科学素质抽样调查报告［J］.科普研究，2021，16（2）：5-17，107.

中，组织的利益和有影响力的人物的声音在公共话语中会被放大。在融媒体环境下，越来越多的自媒体人，尽管具有较高的公共话语影响力，但是由于科学素养的缺乏，妨碍了其对科学知识进行清晰有效的传播。从传播媒介来看，传播模式在不断变迁，多样化且不断演进的媒体形式，也影响着人们接受科学的方式。融媒体代表着媒体传播模式的演化发展趋势，意味着科技传播也应与时俱进，充分运用融媒体的各种传播手段进行有效传播。

二、融媒体语境下科学普及工作国内外研究现状

（一）国内外科普示范平台概述

科学普及教育对培养科技人才和创新人才具有重要作用，包括科学探究方法的传授、科学态度的养成、创新精神和实践能力的涵育等，其最终目的是培养公众的科学素养，使之成为具备较高科学素养的国家建设者。

放眼国外，美、英、法等发达国家均高度重视科学普及教育工作，着力构建多元协同发展的科学教育生态体系。博物馆成为开展非正式科学教育的重要场所，在提升公众科学素养方面发挥着重要作用。美国十分重视科普教育工作，提高公众对于科学和技术的认识是美国的基本国策之一，各种类型的博物馆、博物馆、展览馆和科技馆几乎遍布全国。法国教育部将公众科学素养纳入"共同基础"，高度重视博物馆教育。2009年3月，时任法国总统萨科齐提出，欧盟26岁以下的青年人都可以免费参观法国的所有公立博物馆及其特展。这一举措促进了博物馆教育的发展。①

在党和国家的政策导向与支持下，我国积极应用信息技术推动科普

---

① 科学哲学的传统与面向未来的改革——法国科学教育的实践［EB/OL］.光明网.光明日报，2022–06–09.

转型升级，开启了科普信息化建设的新航程。各类科普网站、科普微博、科普类公众号如雨后春笋不断涌现，科普短视频在各大平台表现亮眼，出现了一批有影响力的科普"大V"。科普工作者坚守初心，围绕国家发展、人民需求开展工作，坚持科普为民，以公众需求为导向，服务人的全面发展；坚持以内容为王、质量先行，科普事业正在发生新的历史性变革。[①]

在当下各种科普平台百家争鸣、百花齐放的蓬勃发展态势下，本书选取美国史密森学会、英国自然历史博物馆、法国巴黎发现宫和国内的科普中国平台、科创中国平台、中国科普网、中国科普博览、"科学与中国"和武汉市"院士科普工作室"，并对上述科普平台的科学传播情况进行对比分析，总结经验，以期为科普工作的深入高效开展提供有益借鉴。

（二）成功的科普示范平台案例

1. 美国史密森学会

（1）基本情况

史密森学会（Smithsonian Institution）是唯一由美国政府资助、具有半官方性质的民间博物馆机构，位于美国首都华盛顿，由英国科学家詹姆斯·史密森遗赠捐款，根据美国国会法令于1846年创建，旨在增进和传播人类知识。学会拥有19个博物馆及画廊、20个图书馆、9个研究中心、1个国家动物馆，在44个州及波多黎各、巴拿马有199个附属博物馆，是世界上最大的博物馆群和集收藏、展览、研究、教育和交流为一体的综合机构。[②]成立170多年来，史密森学会依靠联邦资金和社会捐赠，以推进"知识的

---

① 王挺.融媒体时代科普的守正创新［J］.科普研究，2022，17（3）：1-2.

② 齐海伶，刘萱，李焱，等.国外知名科普机构建设对我国科普工作的启示［J］.今日科苑，2018（8）：56-62.

增长和传播"为使命，在促进文化和科学发展中发挥了独特作用。

学会的发展目标：一是增进知识，学会通过适当的奖励与资金支持来鼓励基础性和原创性研究。二是传播知识，学会一方面大量出版研究者的成果及相关出版物，将其免费赠送给国内外图书馆和科研机构，极大促进了知识的国际性传播。同时，学会建立了统一的科学文献目录体系，能够让研究者迅速地了解研究领域的原创性研究工作进展与状况，避免重复研究的同时也推动了知识的快速传播。^①在运行机制方面，学会实行董事会治理制度，由美国副总统、最高法院院长、3名参议员、3名众议员和9名非官方人士组成。董事会选出秘书长作为最高行政管理秘书负责学会的一切事宜。^②学会的经费来源主要包括三个方面：一是政府拨款，史密森学会资金大部分来源于政府拨款。2016年度，学会向美国国会申请拨款9.2亿美元，占学会年度经费的四分之三。二是捐赠，史密森学会接受各界捐款和私人捐赠。三是其他资金来源，包括来自其他政府机构、公私营公司的会员费，零售、特许经营和许可收入。^③

（2）科学传播方式与渠道

面向公众进行科学传播是史密森学会博物馆的重要日常工作。史密森学会通过举办一系列科学教育活动，激发了美国民众对于智力活动的热情，促进了美国社会科学价值观的形成，也极大地提升了美国公众的科学素养，为美国科学的进一步发展打下了坚实的社会基础。^④

在传播方式方面，一是为有特别兴趣或有较强专业知识背景的公众提

---

① 王坤娜，王骏.史密森学会早期史探寻［J］.科学文化评论，2018，15（5）：20-36.
② 非文.史密森学会·美国国家博物馆［J］.英语知识，1990（6）：29-30.
③ 齐海伶，刘萱，李焱，等.国外知名科普机构建设对我国科普工作的启示［J］.今日科苑，2018（8）：56-62.
④ 中国科普作家协会.史密森学会：科学传播与科学教育的契合［C/OL］.科学媒介中心2015年推送文章合集（上），2016：60-63.

供专业讲座与高质量出版物。史密森学会从全球范围内邀请专家和学者，定期为有特别兴趣或有较强专业知识背景的公众举办各类专业讲座活动，并为其提供高质量的出版物和影像资料。如《史密森杂志》是面向大众发行的月刊，主要刊登关于艺术和文化、历史和科学的文章；《航空与航天／史密森》是航空爱好者钟爱的双月刊；史密森频道是播放历史、科学、艺术和流行文化的高清电视节目；史密森民俗唱片部是介绍世界文化传统的节目。二是为普通成人公众开展丰富的科普活动。史密森学会通过组织各种活动让科学与普通公众有更为直接的交流，如每年夏天会在华盛顿特区国家广场举办为期10天的史密森民俗艺术节（Smithsonian Folklife Festival）。该节日是基于社区的教育性展览，通过邀请世界各地的音乐家、厨师、说书人、手工艺者和工人讲述他们的经历并展示其创造才华，吸纳展览民俗学者、文化人类学者、音乐文化学者以及其他领域学院派和非专业学者的研究成果，吸引了过百万的公众参与。此外，史密森学会通过与其他美国本地文化机构建立长期合作伙伴关系的方式，使公众在自己的社区中即可"体验"到史密森学会的艺术作品和项目。三是为青少年提供有专门性和富有创造性的校内外科学教育活动。一方面，史密森学会投入大量的人力和物力，通过在博物馆举办多样化、专门针对青少年科学教育活动的方式，塑造青少年对科学的观念。另一方面，组织"青年参与科学"（Youth Engagement through Science，YES!）项目，通过学生与专家进行80个小时独立互动实习的方式，把学生、科学教育的研究机构、专家、教师以及实践经验联系起来，使学生习得开展研究的技能，理解专家们的工作，从而激励并引导青少年将来能够从事与STEM（科学、技术、工程和数学的简称）相关的具有挑战性的职业。[①]

在传播渠道方面，一是利用完善的志愿者传播体系。在美国，博物馆

---

① 中国科普作家协会.史密森学会：科学传播与科学教育的契合［J］.科学媒介中心2015年推送文章合集（上），2016：60-63.

有着非常成熟的志愿者体系，无偿地为博物馆服务是人们的一种自觉行为。博物馆通过面向社会各阶层人士开展志愿者招募活动，另一方面也让公众更加了解史密森学会；而被招募的志愿者一部分成为史密森学会专业研究的助手，另一部分则走入公众进行宣传。完善的志愿者体系是史密森学会科普工作开展的重要保障。二是开展网络科普宣传活动。以学会下设的国立自然历史博物馆人类学的官方网站为例，网站采用文字、图片与影视资料相结合的方式，围绕收藏、档案、科学研究、新闻活动和政策链接等方面，面向多层次民众宣传人类学知识。此外，学会采用将科学研究与娱乐互动结合的方式成功开发了"非洲之声（Acoustic Africa）"线上动态虚拟旅游活动，使观众穿越到古老的非洲，与非洲古人类一起见证历史的发生，极大增强了民众参与科学普及的体验感。三是同步开展线上线下展览活动。展览分为在线展览和实物展览，如史密森学会于2012年7月宣布了"谷歌艺术计划"，与谷歌进行数字化合作，将谷歌地图的街景技术应用于博物馆，安卓手机用户可以在线游览史密森学会所辖的19所博物馆。大卫·H.科赫人类起源馆是自然历史博物馆的常设展馆，通过实物展览，向人们讲述人类进化的史诗故事以及人类如何在600万年的世界环境中演变进化。[①]

2. 英国自然历史博物馆

（1）基本情况

英国自然历史博物馆（Natural History Museum）位于伦敦市中心西南部、海德公园旁边的南肯辛顿区，是欧洲最大的自然历史博物馆。英国自然历史博物馆原为1753年创建的不列颠博物馆的一部分，1881年由总馆分出，1963年正式独立。博物馆拥有工作人员大约1400人，其中有300多名科学家和500多名志愿者，分别在动物学、昆虫学、古生物学、矿物学和

---

① 梁宁宁 . 美国史密森尼学会的人类学教育普及［J］. 大众考古，2015（9）：40-44.

植物学等5个研究部从事相关工作。^①博物馆总建筑面积为4万多平方米，馆内大约藏有来自世界各地的7000万件标本，其中昆虫标本有2800万件。^②该馆是植物、动物和矿物的国际分类学研究中心之一，为来自世界各国的学者所利用。科学家在此从事本学科的室内研究，组织和参加野外研究活动，对动植物和矿物进行鉴定和命名，研究不同物种之间的亲缘关系和生物进化的理论，同时致力于解决医药、农业、林业、渔业、矿业和石油勘探等各方面的实际问题。英国自然历史博物馆大部分资金来源于政府拨款、彩票和基金，其次是各种商业经营性收入，博物馆文化产品的开发与经营也已逐渐成为重要的经济来源，此外还有来源于各界的捐款。

（2）科学传播方式与渠道

在传播方式方面，一是组织演讲活动。作为伦敦群众性科学活动的主要场所之一，博物馆每年接待的观众人数达200万以上。该馆设有教育部门和讲演厅，通过组织面向公众的演讲宣传自然历史和自然科学知识。二是开展多种对外服务，为有关科研和生产单位提供科学考察和研究工作支持。三是与其他国家科研机构开展国际性交流与合作活动，并参加相关大学的教学工作，承担讲课和培养研究生的任务。如2006年英国自然历史博物馆和BBC野生生物杂志合办了年度野生动植物年度图片展，设立五大类奖项。获奖者不仅能够得到野生动植物年度摄影师称号，还能得到巨额奖金，获奖作品可在英国和海外展出。这一比赛吸引了来自78个国家的32000件作品。^③

在传播渠道方面，博物馆现主要通过网络渠道传播。在使用网络之前，

① 数据来源引自：英国自然历史博物馆官网［EB/OL］. 2018-08-08.

② 齐海伶，刘萱，李焱，等.国外知名科普机构建设对我国科普工作的启示［J］.今日科苑，2018（8）：56-62.

③ 齐海伶，刘萱，李焱，等.国外知名科普机构建设对我国科普工作的启示［J］.今日科苑，2018（8）：56-62.

博物馆每周都要雇用2500个人接待访问博物馆的游客，并现场对游客进行重要的项目调研工作。博物馆通过与IP通信公司Mitel进行合作进行网络调研。这一方式不仅为博物馆减少了开支，而且改善了工作人员以往由于工作量过大而造成的工作和生活不平衡的状况。①

3. 法国巴黎发现宫

（1）基本情况

法国巴黎发现宫坐落在法国巴黎著名建筑"大宫"里，由诺贝尔奖获得者物理学家让·柏林主持创办于1937年，是世界著名的科技馆，隶属于巴黎大学。发现宫没有藏品，旨在通过科学实验，为公众展示科学上的重大发明和发现，并让公众参与其中，以引发人们对科学的爱好和进一步探索。发现宫展教区面积为1.8万平方米，包括数学、天文、空间技术、物理、化学、地质、生物、医学8个部分，拥有专业活动厅58间，另设有电影场、讲演厅、电视室、图书馆和车间等。②

（2）科学传播方式与传播渠道

在传播方式上，一是力求将学生集体参观学习内容与学校课程配合，目的是用实验来充实课堂讲授。邀请专家讲学，放映科教电影和实验。宫内的自动化实验设备可供观众自己开动，观察实验过程和结果遇到难题还可与工作人员讨论。发现宫专为青年人安排有专人指导的实验课，每节2小时，每月1—2次，每期1年。课程内容有生物学、化学和物理学。二是内容主要涉及世界科学的新发明、新发现。发现宫组织放映各种科技影片，

---

① 齐海伶，刘萱，李焱，等.国外知名科普机构建设对我国科普工作的启示［J］.今日科苑，2018（8）：56-62.

② 齐海伶，刘萱，李焱，等.国外知名科普机构建设对我国科普工作的启示［J］.今日科苑，2018（8）：56-62.

每星期二为学生安排专场放映，之后进行专题讨论。三是举行流动展览。博物馆组织巡回展览队进行小规模科普巡展工作，足迹遍及欧洲、非洲和美洲各国。参与巡展的表演人员由当地教师或大学生担任。[①]

在传播渠道方面，构建了全国性的协调网络。由国家出资建立统一全国性的协调网络，由政府统一发布国家博物馆信息、科学教育政策、科普活动等相关信息，所有符合特定标准的博物馆都可以加入该网络。该网络整合全社会的科普资源，发挥整体联动与协同效应，提高博物馆影响力，放大博物馆的功能与社会效用。[②]

4. "科普中国"平台

（1）基本情况

"科普中国"（China Science Communication）是中国科学技术协会（以下简称"中国科协"）为深入推进科普信息化建设而塑造的全新品牌，是基于科普中国服务云公众入口、具有个性化定制和自动推送服务的门户网站，于2015年9月14日上线运行，隶属于中国科学技术出版社有限公司。中国科协是党和政府联系科学技术工作者的桥梁和纽带，是国家推动科学技术事业发展的重要力量，因此"科普中国"的目的定位在于："以科普内容建设为重点，充分依托现有的传播渠道和平台，使科普信息化建设与传统科普深度融合，以公众关注度作为项目精准评估的标准，提升国家科普公共服务水平。""科普中国"以"众创、严谨、共享"为宗旨，以"让科技知识在网上和生活中流行"为理念，以科普内容建设为重点，充分依托现有的传播渠道

① 齐海伶，刘萱，李焱，等. 国外知名科普机构建设对我国科普工作的启示［J］. 今日科苑，2018（8）：56-62.

② 齐海伶，刘萱，李焱，等. 国外知名科普机构建设对我国科普工作的启示［J］. 今日科苑，2018（8）：56-62.

和平台，向全社会提供科学、权威、准确的科普信息内容和相关资讯。目前，"科普中国"已形成由其自身专业团队、新华网为首的承接单位以及其他专业机构组成的专业科普团队，设立了头条、健康、百科、辟谣、视频等分类，内容涉及广泛且具有时效性，呈现形式多样。此外，"科普中国"品牌构建了科普中国网站、官方微博、科普微信公众号、科普App等全方位的网络科普模式，在负责面向社会大众提供科学信息的同时，也是其他网络科普平台的重要信息来源，是我国网络科普传播的典型代表。

（2）传播特征

"科普中国"网站包含前沿科技、应急科普、天文地理、生活百科、健康、科幻、科教、军事、博物等15个频道，汇聚优质内容，策划专项专题，实时新闻导入，科学解读热点，推动科普信息化建设与传统科普深度融合，以公众关注度作为项目精准评估的标准，提升国家科普公共服务水平。

5."科创中国"平台

（1）基本情况

中国科协自成立时起，就承担着发展我国科普事业的重任。[①]中国科普教育从20世纪50年代开始被纳入政府体制，并通过各级科协建立了一套从中央到地方县一级的专业科普系统。中国科协作为中国科技创新体系的重要组成部分，在构建科学传播体系中发挥着重要作用。

"科创中国"是中国科协为团结引领广大科技工作者，服务产业创新发展需求，构建科技经济融合创新生态所打造的国家级"双创"工作品牌。"科创中国"于2020年初启动实施，以数字平台为支撑，促进技术服务与交易；以试点城市为依托，服务区域高质量发展；以组织创新为核心，壮

---

① 尹传红.从科学普及局到中国科学技术协会［J］.大众科技报，2008（4）：65-71.

大产学研合作网络。通过两年多的品牌建设和平台化运营，"科创中国"已逐渐形成了稳定的服务对象、服务内容和传播载体，具备了建立较为成熟完善的传播体系的条件，也对中国科协建设国家科技智库传播体系形成了有力支撑。

（2）传播特征

目前，"科创中国"初步构建了围绕数字平台的线上线下相结合的全媒体传播渠道，传播内容包括科技知识、科技成果、科技政策、项目信息等。同时，结合"科创中国"年会、系列榜单评选、技术服务与交易大会、技术路演活动、《院士开讲》栏目等渠道，开展相关专题宣传工作。"科创中国"呈现以下传播特征。

传播活动多样化。一是举办"科创中国"年度会议。以2021年年会为例，央视财经频道《正点财经》栏目对年会进行专题报道，央视网、央视财经官方微博等平台同步上线相关报道，微信朋友圈推送《2022"科创中国"年度会议》直播广告，累计传播次数80余万次。二是发布"科创中国""先导技术榜""新锐企业榜""产学研融通组织榜"等系列榜单，并做好入选项目后续服务。三是充分运用数字化网络化手段组织技术路演活动。截至2022年7月，共举办226场技术路演活动，推广1329项优质科技成果，助力创业者成长。四是举办"科创中国"系列技术交易大会、成果转化交流大会。平台与各试点城市（园区）、全国学会、联合体成员单位密切合作，深化品牌活动，增强业务成效。五是建设"科创中国"科技传播联合体。联合体由中国科协科技传播中心牵头建设，是由中央及地方主流媒体、网络新媒体、高校科研院所、行业协会学会、国内龙头企业等自愿结成的开放性、非营利、非法人联合组织，其目标是打造以全媒体传播体系为基础的"科创中国"顶层宣传矩阵、科技产业协调支撑与科技创新服务平台。

打造特色传播品牌。在品牌宣传方面，"科创中国"会同抖音App等新媒体平台，倾力打造国内顶尖的知识类视频栏目——《科创中国·院士开讲》，由多位国内知名两院院士作为主讲人，以公开课形式，展现我国科技创新的澎湃活力，呈现科学技术的广度与深度。通过展现院士们独特的生命历程、科研探索精神，鼓励广大科技工作者积极投身科创事业。截至2022年12月底，已邀请20位两院院士线上开讲，内容覆盖装备制造、地质研究、食品科学、航空材料、神经科学、智慧农业、数字经济等多个领域，累计传播量近2亿次，点赞量462万次，粉丝102万人。平台还与中国科学技术出版社共同推出新媒体产品《中科新知》栏目，聘请院士作为主讲嘉宾，计划全年推出50期。

充分利用新媒体。"科创中国"组建了自媒体矩阵，在微博、微信、抖音等第三方平台开设公众号，加大优质内容输出力度。截至2023年10月末，"科创中国"网站全口径用户数量已达1728万。微信公众号用户数17万，常读用户约为8700人，总占比约5%，公众号原创内容比例约为17%，总阅读量超800万次。微博已累计近26.2万粉丝，发布微博2万余条，阅读量达4.6亿。短视频账号日均发作品4—5条，短视频账号总粉丝量达23万，视频总播放量达2.38亿，单条全平台平均阅读量12.1万。

6. 中国科普网

（1）基本情况

中国科普网由中华人民共和国科学技术部主管，是我国成立最早的国家级科普平台、中国科普界的权威网站，现由科普时报社运营，是科普全媒体平台的重要组成部分。

（2）传播特征

2018年5月以来，中国科普网经过数次改版，在延续原中国科普网内容特色的基础上，力求以用户为中心、简洁易用，强化资源整合，创新优化网站内容，涵盖科普资讯、科普视频、科普大家、科幻世界、校园科普、科普好书等六大版块，包括《谣言粉碎机》《MSTA大家系列科技讲座》《科普进社区》《科普进校园》《科普基地》《科普研学》等栏目，实现科普与科技热点、民众生活紧密结合，与网民需求准确对接；创新科普服务，实现专家、科普从业人员与读者的互动升级，综合发挥移动互联网等多种传播平台优势，实现科普传播内容的全面涵盖，宣扬科学理性精神，提高公民科学文化素质，推进创新型国家建设，力争将中国科普网打造成为具有权威性、知识性、趣味性与服务性，有较强社会影响力的科学传播平台。

7. 中国科普博览

（1）基本情况

中国科普博览是中国科学院权威出品、专业打造的互联网科普云矩阵，传播高品质、有深度、可信任的科普内容，组织新鲜、有趣、好玩的科普教育活动，形成中国科普博览、《格致论道》、"科学大院"、"科院少年"等优质科普品牌。

（2）传播特征

中国科普博览以科研为依托，以专业为基础，汇聚百余所科研机构的高端科普资源，云集千余位科学大家，解读前沿科学重大进展，洞察热点事件科学真相，开放国家级科研院所与科研现场，开展高端特色科普教育活动，为互联网、媒体、学校、社区等不同应用场景提供优质原创科普内容。

8. "科学与中国"

（1）基本情况

"科学与中国"是中国科学院学部发起，由中国科学院、中宣部、教育部、科技部、中国工程院、中国科协共同主办的高层次公益性科普活动，创办于2002年12月9日。其宗旨为：弘扬科学精神，普及科学知识，传播科学思想，倡导科学方法，重点围绕科技发展历史回顾、科技前沿热点探讨、科学伦理道德建设、科技促进经济发展和科技推动社会进步等主题，邀请院士专家进机关、进学校、进企业做科普报告，让科学亲近公众，让公众理解科学，促进公众科学素质的提高。

（2）传播特征

经过多年的实践，针对不同群体，通过广泛合作，"科学与中国"已形成了包括面向地方和社会的"千名院士·千场科普"、"科学与中国"院士专家巡讲团、"科学与中国'云讲堂'"直播、"科学与中国"院士报告会、"科学思维与决策"院士论坛、《中国科学》《科学通报》走进科研院校"、"院士与中小学生面对面"等多种活动形式，进一步满足了多层次、多领域、多地域的社会需求。活动从2002年12月9日 正式启动以来，共举办报告会1500余场，得到了院士专家、各主办单位和社会各界的大力支持和热烈欢迎，产生了积极、广泛的社会影响。

9. 武汉市"院士科普工作室"

由中国科普研究所牵头、武汉市科协组织实施的"院士专家科普创作工作室试点"项目，旨在深化科普供给侧改革，增强高质量内容源头供给，服务科普高质量发展，探索建立"院士引领、专家科普、分批组建、团队服务"的工作机制。①由知名院士专家牵头，目前已成立 8 个院士工作室，包括"陈孝平院士健康科普工作室""桂建芳院士自然科普工作室""刘经南院士信息通信科普工作室""邓子新院士农业科普工作室""孙和平院士精密测量科普工作室""丁汉院士智能制造科普工作室""徐红星院士科学与人文科普工作室""徐卫林院士纺织科普工作室"。

陈孝平院士健康科普工作室：2020 年 8 月 27 日成立，由武汉市科学技术协会、武汉市卫生健康委员会筹建，武汉医学会承办，全国首家由院士领衔命名。对此，中国科普研究所给予高度评价："实现从 0 到 1 的历史性突破。"工作室从百姓最为关心的健康问题、公众热议的健康话题入手，开辟电视、广播、新媒体立体传播途径，开展健康科普，让权威、科学的健康科普宣传更加及时、覆盖更具广度，制作的科普宣传作品在人民日报客户端、科普中国、学习强国等 16 个平台广泛传播。同时，工作室组织学会的党员专家志愿者深入社区、机关、企业、学校、军营、农村、革命老区等地，开展为民服务活动，对基层医疗机构的医务人员进行授课、手术带教、指导查房等技术指导，进行健康科普指导和咨询，在百姓身边设立移动健康宣讲阵地，打通健康通道"最后一公里"。工作室成立两年来举办了首届健康科普大赛，出版了科普图书，开展了科普云课堂 24 期，有近 40 位专家走进直播间，线上观看量已超过 8000 万人次。当前工作室线上线下活动已实现常规化、系统化、规范化，已有较高的辨识度和公信力，成为服务百姓，提升公众健康素养，助力"健康中国"的重要载体。②

桂建芳院士自然科普工作室：2021 年 4 月 22 日成立，由武汉市科学技术协会、武汉市园林与林业局筹建，武汉林学会承办。成立后的一年时间

---

① 科协系统优秀工作案例.强化示范引领，激发院士专家科普工作室活力［EB/OL］.中国科学技术协会官网. 2022-10-09.

② 陈孝平院士健康科普工作室：院士要做科研难题更要做健康科普［EB/OL］.人民网. 2021-08-27.

里，工作室先后邀请10余位自然生态领域的院士及知名学者开讲自然通识课，组织中小学生自然生态研学等公益活动50余场次，制作科普短视频40余个，线上各平台综合传播量过亿，产生了良好的社会反响。①

刘经南院士信息通信科普工作室：2021年5月17日成立，由武汉市科学技术协会、武汉市通信管理局筹建，武汉通信学会承办。主要围绕信息通信行业技术演进、公众对行业关注的热点、5G行业应用及"5G+北斗"融合创新等内容进行科普。除发布短视频外，还线下开展科普活动，进校园、进企业、进机关、进农村开展讲座等。自2021年成立以来，科普内容覆盖人次超400万。②

邓子新院士农业科普工作室：2021年6月11日成立，由武汉市科学技术协会、武汉市农业农村局、武汉市农业科学院筹建，武汉农学会承办。截至2023年1月，邓子新院士农业科普工作室共举办线上、线下活动17场，发放科普宣传资料2.4万余份。在各平台、各渠道发布科普视频120条次，视频浏览总量达到700万次，在全国及省市主流媒体发布图文科普报道共150篇次，直播网络点击量近600万次，线上线下总计覆盖人群1300万余人次。推广水稻绿色栽培、农光互补、食用菌、中药材等各类科技成果20余项。此外，邓子新院士还倡导、发起了全国性的"乡村振兴院士行"活动，并得到陈孝平院士、刘经南院士、桂建芳院士等科学家的积极支持和参与。目前，"乡村振兴院士行"先后走进十堰房县、郧西、宜昌五峰、恩施州等地，开展科普宣传、项目对接、人才培养等活动，落地项目的投资额达80亿元。通过科学家、企业家、投资家和政府官员的共同努力，当前工作室已经发展成为聚智引智、成果转化、项目对接的平台。③

---

① 2位院士、49位专家，这个科普工作室不一般［EB/OL］.潇湘晨报官方百家号.2022-06-22.
② 刘经南院士信息通信科普工作室入驻长江头条［EB/OL］.长江网.2022-08-31.
③ 邓子新院士：让智慧之光照亮荆楚乡村振兴［EB/OL］.中国发展网.2022-12-02.

孙和平院士精密测量科普工作室：2022年6月30日成立，由武汉市科学技术协会、湖北工业大学筹建，武汉机械工程学会承办。① 工作室首次联合了大地测量与地球动力学、波谱与原子分子物理两个国家重点实验室等科技创新力量，已吸纳院士、行业高级专家和科技志愿者等近80人加入。工作室围绕精密测量领域、公众关注的焦点、行业应用等热点话题，充分发挥院士专家的引领和带动作用，广泛动员吸纳科技工作者投身科普事业，持续打造特色鲜明的科普队伍，创新科普组织形式，增强科普服务功能，深入有效地向大众传播前沿科学与技术知识，并结合科普"五进"（进机关、进学校、进企业、进社区、进农村）及媒体平台等开展系列科普活动。②

丁汉院士智能制造科普工作室：2022年6月30日，由武汉市科学技术协会、湖北工业大学筹建，武汉机械工程学会承办。③ 工作室由院士、智能制造行业专家和志愿者等50余人组成，充分发挥院士专家在科普领域的引领和带动作用，带动国内外跨学科、高层次的机械科技领域知名专家和行业杰出人才，传播前沿科技，启发创新思维，凝聚提高全民科学素质服务高质量发展的共识，开发出版智能制造领域科普读物，开展形式多样、群众喜闻乐见的智能制造系列科普宣传，在加快科技自立自强步伐的进程中展现新的担当，实现新的作为，助力"科学普及与科技创新两翼齐飞"，为创新驱动发展提供有力支撑。④

徐红星院士科学与人文科普工作室：2022年11月15日成立，由武汉市科学技术协会、江岸区人民政府、武汉出版集团主办，武汉出版社承办，湖北省物理学会、湖北省青年科技工作者协会为支持单位。⑤ 目前工作室已

① 《院士科普》的武汉探索［EB/OL］.武汉教育电视台.2022-09-23.
② 孙和平院士精密测量科普工作室在武汉揭牌［EB/OL］.新浪财经.2022-06-28.
③ 《院士科普》的武汉探索［EB/OL］.武汉教育电视台.2022-09-23.
④ 全国首家"院士智能制造科普工作室"在汉揭牌［EB/OL］.长江日报.2022-07-1.
⑤ 《院士科普》的武汉探索［EB/OL］.武汉教育电视台.2022-09-23.

吸纳院士、行业高级专家和科技志愿者等50余人参加。工作室围绕科技与人文融合领域公众关注的焦点、行业应用等热点话题，通过多种形式，以通俗易懂的语言，向大众传播科技知识及科学思想，推动科学思想与人文精神的融合。同时，结合科普"五进"（进机关、进学校、进企业、进社区、进农村）及媒体平台等开展系列线上线下科普活动。①

徐卫林院士纺织科普工作室：2023年12月27日成立，由武汉市科学技术协会、江夏区人民政府、武汉纺织大学共同筹建，纺织新材料与先进加工技术国家重点实验室承建，是全国首个以纺织为主题的纺织科普工作室。积极树立纺织行业自信，推进纺织科普教育工作，为纺织行业内外的各界人士建立高效的科普交流渠道，努力建设特色鲜明的高水平科普工作室，为推动国家生态文明建设，为促进纺织行业绿色健康发展贡献力量。

10.《院士开讲》节目介绍

（1）基本定位及设计动因

《院士开讲》是中国科协"科创中国"平台主办的大型知识类视频栏目，在抖音App播出。栏目定位于中国网络青年公开课，邀请中国科学院院士、中国工程院院士作为主讲人，分享科学前沿的新知识，以及自身对于科学思想的认识感悟，向社会大众，尤其是广大科技工作者传播科学家精神、传递主流价值观，力求用"互联网+科技创新知识传播"的方式，加强科学知识传播内容与传播范围的结合，展现院士们独特的生命历程、科研探索精神，鼓励广大科技工作者积极投身科创事业，为国家创新发展贡献力量。

《院士开讲》栏目邀请两院院士参与，联合抖音平台、西瓜视频客户端播出，多种媒体平台同步报道，内容以科学精神、科技前沿知识、科学思想及院士自身的科研经历、工作生活体会等为主，并通过在线调查方式从

① "徐红星院士科学与人文科普工作室"揭牌［EB/OL］.人民融媒体.2022-11-17.

公众关注话题中选择主题。

《院士开讲》栏目设计动因是为院士参与科学传播普及搭建新媒体示范平台，以院士参与科学传播普及的实践，引领壮大科学传播普及队伍，促进全民科学素质提升，激发全民科技创新热情。院士的科学传播主要包括两方面内容：一是向公众传播正确的科学知识和科学理念；二是向公众阐明介绍自己的研究成果，以获取更广泛的社会支持。院士们站在各自研究领域的科技前沿，用通俗易懂的方式，在线分享各领域的顶尖科技知识和丰富的人生阅历。院士们所输出的知识、宣扬的精神，对社会公众，尤其是科技爱好者及科技工作者有着强大的吸引力，在科学知识创新精神的传播上也具有巨大的扩散能力。构建知名度高、覆盖面广、影响力大的专业新媒体传播平台，及时做好传播媒介服务工作，能够减少院士对大众传媒公信力的疑虑，形成院士参与科普实践的推动力。

（2）传播效果

《院士开讲》栏目于2021年10月26日开播，每双周在"科创中国"平台、抖音视频客户端、西瓜视频客户端同步播出，栏目隔周上线一期。同时，考虑到不同平台的传播方式及受众群体各不相同，"科创中国"平台将每一期内容撰写成深度稿件，在"科创中国"平台两微一端等媒体矩阵平台进行传播，扩大栏目的品牌影响力。至2023年3月，栏目已邀请20位两院院士线上开讲，包括中国工程院院士13位，中国科学院院士7位，覆盖新能源、装备制造、地质研究、食品科学、航天航空、神经科学、智慧农业、数字经济、双碳、军工、生物医药等多个领域。毛明、刘嘉麒、曹春晓、徐志磊、孙宝国、龙乐豪、杜祥琬等院士纷纷参与其中，分享顶尖科技知识、创新思想、对国家科技战略的解读等。截至2023年3月21日，已成为抖音平台的热门话题之一，累计播放量达1.98亿次，点赞量486.2万次，抖音和西瓜视频两个平台粉丝总量109万余人。相关视频、资讯内容得到新华社、人民网、央广网、中国新闻周刊、新京报、凤凰周刊等媒体的报道与肯定。

以2022年7月播出的第十二期《院士开讲》节目为例，中国工程院院士、运载火箭与航天工程技术专家龙乐豪以"中国火箭与航天"为主题，分享中国航天人"向天图强"、研制第一代第一型运载火箭背后的故事，并在线解密我国航天建设的最新进展。该期节目与热点事件"问天"实验舱成功发射结合传播，得到网友的热烈关注。截至10月31日，节目的所有视频作品累计播放973.4万次，点赞数超71万。话题"院士解读问天实验舱发射意义"当月累计获赞155万，播放2780万。央视网官方抖音号相关内容当月获赞12.1万，播放250万。新华社官方抖音号相关内容当月获赞38.7万，并于发布当日置顶。"科创中国"官方微博同步发布12条短视频，总阅读量3.8万。此外，人民网、光明网、中青在线、中国经济网、中国科协今日头条号、长江日报微信公号、成都科协网易号、中新经纬搜狐号等媒体也进行了专题报道。之后，在已上线短视频的基础上，视频制作团队又结合中秋节、"中国农民丰收节""梦天实验舱"发射等社会关注热点，对龙院士授课内容进行二次创作，进一步促进了内容传播与栏目影响力提升。

在内容策划上，《院士开讲》更多选择结合社会热点问题。如"东数西算"热点话题，邀请了光纤传送网与宽带信息网专家邬贺铨院士。节目播出后各平台端互动效果整体较优，微博热搜TOP10、头条热榜TOP4、新浪热榜TOP10，阅读量超6000万，在榜时长2小时30分，新华社新华每日电讯抖音号、央广网、湖北新闻、凤凰周刊等千万级媒体账号主动宣传，36氪、虎嗅网、IT之家等科技领域核心媒体主动关注报道。包括36氪、虎嗅网、IT之家等在内的诸多科技领域媒体自发关注。其中，《中国新闻周刊》一篇稿件在头条号阅读量高达20万。在"能源与双碳"话题方面，邀请中国工程院院士，应用核物理、强激光技术和能源战略专家杜祥琬，谈"能源的故事和双碳目标"，在抖音平台进房观看UV（Unique Visitor独立访问量）为2.78万，预览流点击率为3.8%。其中，杜祥琬院士谈社会变化和转型焦虑的一条短视频播放量高达407万。杜祥琬院士内容上线期间，抖音及西瓜平台共新增88141粉丝。杜祥琬院士相关微博话题——"院士称人造太阳将打开未来能源大门"，位居热搜榜第16，共引发5994次讨论，6190.5万次阅读。

中国科学院院士、精神病学与临床心理学家陆林作为主讲嘉宾的第十期《院士开讲》栏目中，"院士建议每天最好睡足8小时"话题词，登上微博热搜话题榜前10位，总阅读次数达到1.7亿。

其他热点视频还包括，"人类对癌症的认识都经历了哪些变化？"播放量638.1万；"人造太阳可解决能源问题？"播放量高达242.6万；"一家矿产公司的逆向创新，如何打破外商的高额利润局面？"播放量达176.3万。

（3）传播互动情况

《院士开讲》栏目知识点密集且趣味性十足，不仅深受广大网友的青睐，更收获了新华社、央视网、光明网、中国青年报等一众央级媒体的推广宣传。

《院士开讲》栏目与中国机械工程学会、中国神经科学学会、北京大学第六医院等机构也建立了互动模式。

新华社官方抖音号主动发布名为"院士解读问天实验舱发射意义：问天实验舱远非终点，中国航天不断实现跨越"的视频，并在视频醒目位置提及《院士开讲》栏目。

（4）栏目创新模式

《院士开讲》栏目是"科创中国"数字平台联合新媒体进行科技传播的一项创新尝试。栏目通过对"科创中国+互联网"传播方式的成功探索，显著提高了"科创中国"的品牌影响力。一方面，《院士开讲》栏目给予广大青年接受最高层次科技工作者传道授业的机会，使青年科技工作者得到思维洗礼、精神激励、心灵滋养，激励大家更加积极地投身于科创事业，为创新驱动发展贡献力量。另一方面，《院士开讲》栏目在抖音等新媒体平台上形成了较为突出的传播成果，并且通过长短视频结合的方式，兼顾了栏目质量和吸引力，有效提高了产品影响力，在推动短视频平台与长视频结合发展方面做出了积极探索。

（三）分析与启示

1. 国外科普示范平台分析与启示

通过对上述国外知名科普机构在科普及科学传播模式、渠道等方面的分析，思考我国科普工作下一步的发展，总结出以下五点启示。

一是科学传播是科普机构的永恒主题，通过对国外知名科普机构的案例分析，可以看出公众教育是科普机构最重要的职能之一，科学传播是各科普机构的主要使命和职责所在。

二是处理好科学传播发展与政府治理的关系。科学在坚持自主性的同时，需要与政府及社会保持良性的互动，由此才可以实现科学事业的健康和可持续发展。为此，可以借鉴美国史密森学会的经验，既保持学会和科学共同体与政府、社会的良性互动，也减少政府不必要的管控，最大限度地保持科学共同体的自主独立性。[①]

三是引导形成投资主体多元化的资金投入机制，保证科普经费的稳定，保障科普活动的持续开展。可借鉴美国以政府支持投资为杠杆，撬动私人基金会、个人、企业等参与投资的多元化投资模式，拓宽资金筹集渠道，调动更多资源和力量参与科普事业发展。

① 王坤娜，王骏.史密森学会早期史探寻［J］.科学文化评论，2018，15（5）：20-36.

四是建立全国性的科普平台资源协调网络，积极探索科普平台资源建设开发的合作共享模式，提高资源建设效率和水平。可借鉴法国巴黎发现宫的相关经验，充分发挥政府主管部门的统筹规划和协调功能，建立全国性的科普资源协调网络，整合全社会的科普资源，发挥整体联动与协同效应，提高科普资源的影响力。^①

五是加强科普体验。动态演示型展品和参与体验型展品是目前各国科技馆最常见的展品，参与体验型展品更能体现科普的本质特点。可借鉴法国巴黎发现宫的科普体验经验，设置专门演示科学原理或者现象的展品，创新参与体验型的科普方式，让观众亲自动手操作，增强科技体验感。^②

2. 国内科普示范平台分析与启示

通过分析上述国内知名科普平台的科普活动，总结经验，对科普工作的进一步开展提出以下思考。

一是持续探索优化科普内容创新，建议针对不同人群特点，设计具有差异化特征的科普内容，满足不同人群对于素质能力提升的精细化需求。

二是探索多样化的科普形式，拓展线下讲座、报告会、论坛等形式，丰富科普内容，增加互动性。例如，可加强与中小学基础教育课程的衔接合作，开展"科普教育进校园"系列活动，让中小学生近距离感受科学家的人格魅力和科学精神，激发其学习科学、探索创新的兴趣与动力，激励青少年树立科技报国的志向。

三是进一步扩展全媒体、立体多元的传播渠道，充分发挥政府在推动科普教育方面的统一规划、协调资源等职能与效力，科普平台与传统媒体、

① 齐海伶，刘萱，李焱，等.国外知名科普机构建设对我国科普工作的启示［J］.今日科苑，2018（8）：56-62.

② 齐海伶，刘萱，李焱，等.国外知名科普机构建设对我国科普工作的启示［J］.今日科苑，2018（8）：56-62.

在线教育平台等合作实现资源共享共建模式创新，提高资源建设与利用效率，扩大影响力。

四是进一步推进科普工作队伍的创新，吸纳科技工作者与科技志愿者共同参与到科普事业发展中。发动全国学会建立科技志愿服务队，充分调动在职科技工作者、大学生、研究生和离退休科技、教育、传媒工作者等各界人士参加科普工作的积极性，形成一支规模宏大、素质较高的兼职人才队伍和志愿者队伍。①

五是可探索由科协组织、学会组织等牵头建立科学家工作室，系统梳理科学家知识成果，整理科普报告集，开发针对各年龄段、各行业的系列科普作品并结集出版，满足大家多样化的学习需求。

六是加强科普基地和场所建设。挖掘大科学装置的科普教育功能，不断扩大科研机构、大学的科研基地平台开放程度，实现丰富多样的科技基础设施资源向科普基础设施资源转化。建立新型科普教育基地标准，增加科普基础设施总量，推动实体科技馆和流动科技馆相结合，推动全国科技馆体系高质量发展。②

七是进一步探索科普投入创新，加大政府投入力度，提高税收调节水平，倡导科普捐赠，引导、鼓励社会财富在三次分配中以捐赠等方式支持科普事业，构建多渠道科普投入机制。

八是加强科普平台间的国际交流合作，加大最新科技创新成果在世界范围内的传播和共享力度，讲好中国科技创新故事，服务科技外交，为促

---

① 全国政协科普课题组. 深刻认识习近平总书记关于科技创新与科学普及"两翼理论"的重大意义 建议实施"大科普战略"的研究报告（系列三）[N].人民政协报，2021-12-17（007）.

② 全国政协科普课题组. 深刻认识习近平总书记关于科技创新与科学普及"两翼理论"的重大意义 建议实施"大科普战略"的研究报告（系列三）[N].人民政协报，2021-12-17（007）.

进全球公众科学素质提升贡献中国智慧。

三、融媒体语境下科学普及工作研究方法与路径

（一）研究方法

本书主要采用了文献研究法、案例研究法、比较研究法、定性与定量相结合的研究方法。

1. 文献研究法

文献研究法是指对文献资料进行检索、收集、鉴别、整理、分析，形成对事实科学认识的研究方法。本书收集近年来与融媒体、科学传播、科学普及和教育相关的各类著作、报告、论文、数据等文献及案例，在充分研究分析文献的基础上，系统梳理融媒体时代背景下信息传播的特征、科学普及工作的意义以及面临的机遇和挑战等。

2. 案例研究法

案例研究法源自心理学，又称为个案研究法，是对某一个体、群体或者组织在较长时间里连续进行调查，研究其行为发展变化全过程的定性研究方法。本书对国内外典型科普机构和科普示范平台进行案例研究，分析其科学传播与科学普及的模式、特征等。

3. 比较研究法

比较研究法是指对两个或两个以上的事物或对象加以对比，以找出相

似性与差异性，从而探求普遍规律与特殊规律的方法。本书采用比较研究法，以国内典型科普栏目为案例，从传播定位、传播内容、传播受众、传播渠道和传播效果等五个维度进行对比分析，提炼出各自的优势与不足，为其他相关科普平台的建设与创新发展提供经验借鉴与启示。

4. 定性与定量相结合的研究方法

定性研究，也称为质化研究，是指依据社会现象或事物具有的属性，从内在的规定性来研究现象或事物，主要通过语言文字描述、现象分析归纳、图像展示说明等方式，从中寻找事物"质"的特征和规律。定量研究是与定性研究相对的概念，也称量化研究，是指确定事物某方面量的规定性的科学研究，通过数字化工具对研究对象的某种特征测定数值，或求出某些因素间的量的变化规律，主要以数字化符号来描述。定性研究与定量研究都是社会科学领域的基本研究范式，也是科学研究的重要步骤和方法之一。定性与定量相结合的研究方法是指将定量研究与定性研究相结合，兼具二者的分析优势，能够帮助研究人员更好地了解研究对象，并使研究结果更加全面、准确、可靠。

下文以院士科普平台研究分析为例，介绍上述研究方法的实践应用。院士科普平台研究主要采取了案例研究法及定性与定量相结合的研究方法，兼有文献研究法及比较研究法，具体研究过程如下。

第一，采用以案例研究方法为主、文献研究方法为辅的研究方法展开典型案例研究。

"科学与中国"院士专家巡讲团：该活动由中国科学院学部于2002年发起，由中科院、中宣部、教育部、科技部、中国工程院、中国科协共同主办，旨在发挥院士群体在科学普及和科学教育方面的高端引领和示范带动作用。经过多年实践，"科学与中国"已形成了包括面向地方和社会的"千名院士·千场科普"、"科学与中国"院士专家巡讲团、"科学与中国'云讲堂'"直播、"科学与中国"院士报告会、"科学思维与决策"院士论坛、《中国科学》《科学通报》走进科研院校"、"院士与中小学生面对面"等多种活动形式，进一步满足了多层次、多领域、多地域的科普需求。①

《院士专家讲科学》栏目：该栏目创办于2019年，是北京市科学技术协会主办、北京科学中心等单位承办的科学传播品牌项目。栏目在北京、天津、河北、内蒙古等地联动开展，邀请中国科学院、中国工程院、高校及科研院所的院士专家为公众带来不同学科领域的科普讲座，旨在提升青少年科学素养，激发青少年科学兴趣，培养一批具有科学家潜质的青少年群体。栏目结合青少年感兴趣的航空航天、生命科学、人工智能、量子科学等多个领域，邀请院士、专家进行精彩解读。同时，栏目还构建了"数字化课程＋校园行活动＋主题出版物"的融合传播形式，为青少年提供全方位、立体化的科普知识。②

武汉市科学技术协会"院士工作室"：由中国科普研究所牵头、武汉市科协组织实施的"院士专家科普创作工作室试点"项目，旨在深化科普供给侧改革，增强高质量内容源头供给，服务科普高质量发展，探索建立"院士引领、专家科普、分批组建、团队服务"的工作机制。③由知名院士专家牵头，目前已成立 8 家，包括"陈孝平院士健康科普工作室""桂建芳院士自然科普工作室""刘经南院士信息通信科普工作室""邓子新院士农业科普工作室""孙和平院士精密测量科普工作室""丁汉院士智能制造科普工作室""徐红星院士科学与人文科普工作室""徐卫林院士纺织科普工

① 内容来源自"科学与中国"官网介绍．

② 院士专家讲科学：推进全民科普 夯实人才根基［J］．知识就是力量．2023-03-06．

③ 科协系统优秀工作案例．强化示范引领，激发院士专家科普工作室活力［EB/OL］．中国科学技术协会官网．2022-10-09．

作室"。

其他院士科普案例：《院士开课啦!》是中国青年报联合中国科协科学技术传播中心、抖音平台共同推出的知识科普类栏目,总计播出10期。栏目以科学家精神为主题,在中国青年报手机客户端及"学习强国"学习平台刊播,以访谈形式与不同领域的院士对话,讲述知名科学家的科研故事,展现科学家的精神财富,带领观众走进科学和科学家的世界。《院士科普》栏目共5期,由中国青年报与好看视频联合出品,旨在进一步弘扬科学家精神,打造当代"科技明星",营造崇尚创新的氛围,激发人民群众对科学技术的兴趣,引领强化年青一代科技报国的责任担当。

第二,采用比较研究法,对上述典型案例从传播定位、传播内容、传播受众、传播渠道、传播效果等五个维度进行对比分析研究。

传播定位上,"科学与中国"院士专家巡讲团为高层次公益性科普活动,其余院士科普案例均为面向公众的科技普及与传播类活动。传播内容上,武汉科协"院士工作室"聚焦信息通信、精密测量、智能制造等行业细分领域,其余院士科普案例一般聚焦科技前沿知识、科学思想、网友关心的问题等。传播受众上,"科学与中国"院士专家巡讲团的受众主要为机关、学校、科研院所、企业人员,具有高学历、高素养、知识密集型特征,其余院士科普案例均面向公众。传播渠道上,《院士专家讲科学》栏目特色鲜明,采用线上课程与线下图书结合,出版以项目为蓝本的科普图书《遇见科学——院士专家讲科学》,并入选《中国新闻出版广电报》2022年度优秀畅销书排行榜,丰富了科普作品的内容与形式。传播效果上,《院士专家讲科学》、"院士工作室"和《院士开讲》栏目均借助新媒体进行传播,累计播放量、点赞量以及粉丝量较高,获得了较好的社会反响。(各案例对比分析情况见表1.1)

表 1.1 院士科普案例对比分析

院士科普形式	院士开讲	科学与中国	院士专家讲科学	院士开课啦！	院士科普	院士工作室
传播内容	科技前沿知识、科学思想、科学精神、院士科研经历等	科技发展历史、科技前沿热点、科学伦理道德、科技促进经济发展、科技推动社会进步等	灵活结合青少年感兴趣的领域，如航空航天、生命科学、人工智能、量子科学等	以科学家的精神财富为主题	每位院士的研究领域与时下热点相结合，网友关心的问题	健康、自然、信息、通信、农业、精密测量、智能制造、科学与人文等领域
活动定位	普适性、公益性	高层次公益性	普适性、公益性	普适性、公益性	普适性、公益性	普适性、公益性
传播受众	以青年科技工作者和青少年为主体的社会公众	机关、学校、科研院所、企业等人员	青少年群体	大众群体	大众群体	大众群体

续表

院士科普形式	院士开讲	科学与中国	院士专家讲科学	院士开课啦！	院士科普	院士工作室
传播渠道	抖音App、西瓜视频等短视频平台，"科创中国"数字平台等全媒体传播渠道	专题宣讲、报告与讲坛，中国教育电视频道、北京歌华有线互动电视点播、国家开放大学相关网络平台	线上数字化课程＋线下校园行活动＋主题出版物	中国青年报手机客户端、学习强国、抖音	好看视频、百度	线上视频音频、抖音、快手、人民日报客户端、科普中国、学习强国、线下活动
传播效果	截至2023年3月21日，成为抖音平台的热门话题之一，栏目累计播放量达1.98亿次，点赞量486.2万次，粉丝量总量109万余人	共举办报告会2000余场，得到了院士专家、各主办单位和社会各界的大力支持和热烈欢迎，产生了积极、广泛的社会影响	已邀请两院院士52人次、专家213人次，举办讲座、工作坊、进校园等各类活动265场，线上、线下累计覆盖超过1.3亿人次	栏目共10期	栏目共5期	6家院士科普工作室共吸纳院士21名、专家团队成员552名

在以上院士科普案例对比分析的基础上，针对《院士开讲》的下一步工作，提出以下对策建议。

首先，进一步扩展全媒体、立体多元的传播渠道，与传统媒体、在线教育平台等实现资源共享。其次，拓展线下讲座、报告会、论坛等形式，丰富院士科普内容，增加互动性。再次，探索多样化的院士科普形式，例如，可加强与中小学基础教育课程的衔接合作，开展"院士科普教育进校园"系列活动，让中小学生近距离感受院士科学家的人格魅力和科学精神，激发学习科学、探索创新的兴趣与动力，激励青少年树立科技报国的志向。最后，可由科协组织、学会组织等牵头建立院士工作室，系统梳理"院士开讲"知识成果，整理《院士开讲》报告集，开发针对各年龄段、各行业的系列科普作品并结集出版。

第三，采用定性与定量相结合的研究方法，对《院士开讲》节目传播效果进行评价研究。

《院士开讲》栏目是"两翼论""一体两翼"动力机制的成功实践，取得了良好的传播效果。本书采用定量与定性相结合的方法，从传播范围和传播影响两个维度对《院士开讲》的传播效果进行评价。评价数据来源于抖音平台关于《院士开讲》栏目的后台运营数据，对播放量、粉丝增长量、获赞量等进行统计。因抖音短视频节目传播高峰期一般在播出后两周内，为保证传播效果分析的科学性，本部分以一期内容为一个单元，采集播出两周内时段的数据。

（1）定量分析

播放量呈现整体波动上升趋势。《院士开讲》栏目在抖音平台播放量整体呈现上升趋势，前六期播放量变化有所浮动，从第七期节目开始播放量呈现稳定上升趋势，特别是第十三期节目播放量达到峰值，为1164.9万次。

粉丝量呈现快速上升趋势。从第十二期节目播出后，抖音平台对"院士开讲"栏目的推广重心由提升播放量转变为增加粉丝量。第十三、十四期节目后，粉丝量增长幅度明显，第十四期较第十三期增长83.10%。

栏目受到观众喜爱，获赞量在4万－70万之间。第十一期节目播出后，运营团队对传播方式进行了优化升级，由节目正片传播，调整为节目正片传播为主、分阶段推送视频精彩片段为辅的传播方式。节目单期获赞量实现大幅提升，其中第十二期节目获赞量达到68万次，为开播以来的最高峰值。

（2）定性分析

通过《院士开讲》栏目，科普"一体两翼"动力机制取得了较好的实践效果。一方面，对科学家参与科普起到了引领作用。科学家和公众在科普中相向而行、同频共振。顶尖科学家通过新媒体平台向公众传播科学知识，对普通公众具有强大吸引力，公众对科学思想产生获得感和认同感，促进了科学家与受众互动，形成强大的科学传播效应。另一方面，《院士开讲》栏目作为面向社会公众、面向广大科技工作者的科学大课堂，为受众生动普及优质的科学知识、质朴的科学思想，引导公众认识科学、理解科学，进一步提高了公民综合素质和科学素养，推动更多公民尊重科学、弘扬科学精神。从节目播出后的观众反馈来看，公众对栏目给予了高度评价和充分认可，普遍反映《院士开讲》内容质量很高，让他们能够"零距离"接受顶级科学家传道授业，不仅了解了科学思想、科学事件及未来科学发展趋势，还得到了思维洗礼、精神激励和心灵滋养。青年科学工作者观众也认为，《院士开讲》播出的科技前沿、战略性突破技术等内容拓宽了观众的知识边界。院士与受众紧密互动的模式也为自身开展科普工作提供了有益借鉴。

（二）研究路径

1. 以习近平总书记"两翼论"为科普工作研究根本遵循

习近平总书记在2016年全国科技创新大会、两院院士大会、中国科协第九次全国代表大会（又称"科学技术三会"）上指出，科技创新、科学普及是实现创新发展的两翼，要把科学普及放在与科技创新同等重要的位置。[①]习近平总书记关于科技创新和科普协同发展的重要论述，包括三个重要论点：一是"两翼论"，即"科技创新、科学普及是实现创新发展的两翼"。二是"同等重要论"，即"要把科普放在与科技创新同等重要的位置"。[②]三是"科普内容论"，即科普的主体内容是以科学精神为核心，包括了科学知识、科学思想、科学方法以及科学技术与发展观的"科学复合体"。[③]"两翼论"首次将科普与科技创新摆在同等重要位置，是更充分更全面实施创新驱动发展战略的必然要求，为我国新时代科普工作指明了发展方向，提供了根本遵循。本书以习近平总书记"两翼论"为根本遵循，研究《院士开讲》及同类高端科普案例，对科普工作进行总结思考，构建科普工作"一体两翼"动力机制。

2. 基于对话模型构建科普工作"一体两翼"动力机制

科学传播大致经历了三个发展阶段：一是传统科普阶段，依据中心广

① 习近平. 为建设世界科技强国而奋斗——在全国科技创新大会、两院院士大会、中国科协第九次全国代表大会上的讲话 ［M］. 北京：人民出版社，2016：18.

② 习近平. 为建设世界科技强国而奋斗——在全国科技创新大会、两院院士大会、中国科协第九次全国代表大会上的讲话 ［M］. 北京：人民出版社，2016：18.

③ 习近平总书记在2016年"科学技术三会"讲话中提出"普及科学知识、弘扬科学精神、传播科学思想、倡导科学方法"；在党的十九大报告中的提法是"弘扬科学精神，普及科学知识"，将"科学精神"提到了"四科"中的第一位。

播模型，^①将受众视作被动的、同质的，对受众进行单纯的教育灌输；二是公众理解科学阶段，^②依据"缺失模型"，开始对受众进行一定程度的分类科普；三是公众参与科学阶段，采用"对话模型"（以2000年英国上院的《科学与社会》报告为标志），将受众视作异质的、多元的、主体间性的，运用传播学中的"个人差异论""使用与满足"理论进行差异化的、个性化的科学传播。^③（见图1.1）学术界经过争议基本达成共识，认为应该用公众参与科学的"对话模型"，取代以科学家教育公众为特征的"缺失模型"，即科学界与公众的对话应取代科学界对公众的科普。

图 1.1 科学传播发展阶段

在"对话模型"视域下，公众逐渐进入了科学议题的对话场域，成为科学对话与公共决策的参与主体。公众有意识地反思科学与个人生活、公共福祉、社会发展之间的关系，科学传播转变为政府、科学共同体、公众等多元主体之间的平等对话，在协商中促进社会共识的达成。^④本书对于科

---

① 刘华杰.科学传播的三种模型与三个阶段［J］.科普研究，2009，4（2）：10–18.

② 英国科学家约翰·杜兰特最早提出了科学传播公众理解科学阶段的"缺失模型"，主要理念是公众缺少科学知识，因而需要提高他们对于科学知识的理解。

③ 王大鹏，李颖.从科普到公众理解科学及科学传播的转向——以受众特征的变迁为视角［J］.新闻记者，2015（9）：79–83.

④ 罗湘莹，杜智涛.走向公共对话：后疫情时代科学传播的创新对策［J］.中国社会科学院大学，2020（11）：64–68.

普实践动力机制的分析，也主要是在科学传播"对话模型"视域下对科普实践关键要素作用机制的模型建构。

科普工作"一体两翼"动力机制阐释了科普实践的关键要素相互作用、组织运行的变化规律，即科普实践既注重普及科学知识、弘扬科学精神，提高全民科学素养，又注重传播科学思想、倡导科学方法，启发全民科学思维，从而构建社会化协同、数字化传播、规范化建设、国际化合作的科普新生态，营造创新氛围，鼓励科技成果转化，培育创新发展新动能，促进科学普及和科技创新深度融合，推动理论、科技、制度、文化全面创新发展新格局形成。动力机制着重分析科普实践关键要素间的相互作用，为后期科普示范平台及数字平台科普栏目指标体系搭建、科普工作效能评估及优化等工作提供思路框架。

科普工作"一体两翼"动力机制的主要内容如下。

（1）科普工作"一体两翼"动力机制的理论基础是"两翼论"

2015年10月，《中国共产党第十八届中央委员会第五次全体会议公报》提出，坚持创新发展必须把创新摆在国家发展全局的核心位置，不断推进理论创新、制度创新、科技创新、文化创新等各方面创新，让创新贯穿党和国家一切工作，让创新在全社会蔚然成风。"两翼论"着眼的"创新发展"，是理论、制度、科技、文化领域的全面创新。实现全面创新的主要着力点是加快高水平科技自立自强，取得原始创新和关键核心技术的突破，同时提升全民科学文化素质，夯实创新发展的群众基础。"两翼论"体现了创新布局的系统视野，也是党的群众路线在科技领域的体现。

（2）科普工作"一体两翼"动力机制的目标导向是构建科普新生态，培育创新发展新动能

针对科学家和科技工作者参与科普意愿不强、动力不足等现象，科普

实践不仅有助于提高公众科学素养和全民科学文化水平，通过创新扩散[①]作用还可获得公众对科技创新的理解、参与、支持，营造创新氛围，促进创新成果转化，使科技创新跳出"小众"范围，形成"大众创业""万众创新""学者创造"的生动局面。公民科学素质水平的提升也有助于推广、延伸和加深公众对科学的社会影响的认识，使公众在科学传播过程中平等参与对话，理解支持科技成果应用，参与公共决策、公共事务和社会治理，推动科技创新政策制定完善。[②]

（3）科普工作"一体两翼"动力机制的未来愿景是促进科学普及和科技创新深度融合，推动创新发展新格局形成

"一体两翼"动力机制是"两翼论"在科普实践中的具体体现，可以促进科学普及和科技创新"两翼"有效融合，推动全面创新发展新格局形成。融媒体背景下，充分发挥科普工作的示范带动作用，可放大"一体两翼"动力机制的实践效果和社会效应，推动落实科学普及与科技创新同等重要的制度安排，将科学普及真正贯穿于国家创新发展体系之中，实现"两翼"均衡。（动力机制内容及与"两翼论"关系见图1.2）

[①] 创新扩散理论是传播效果研究的经典理论之一，由美国学者埃弗雷特·罗杰斯在其著作《创新扩散》中提出。罗杰斯认为，创新扩散是新的观念、事物、技术引入社会体系时的演变过程。一种创新在刚起步时接受程度比较低，使用人数较少，扩散过程也就相对迟缓. 当使用者比例达到临界值后，创新扩散过程就会快速递增，通过社会主体的共同建构，创新不断应用于实践，创新的意义逐渐显现。而某项创新被采纳的决定因素在于良好的人际关系及经常性的接触大众传播。

[②] 谭霞，刘国华. 科技创新背景下公众科学素养的提升［J］. 中国高校科技，2018（Z1）：32-35.

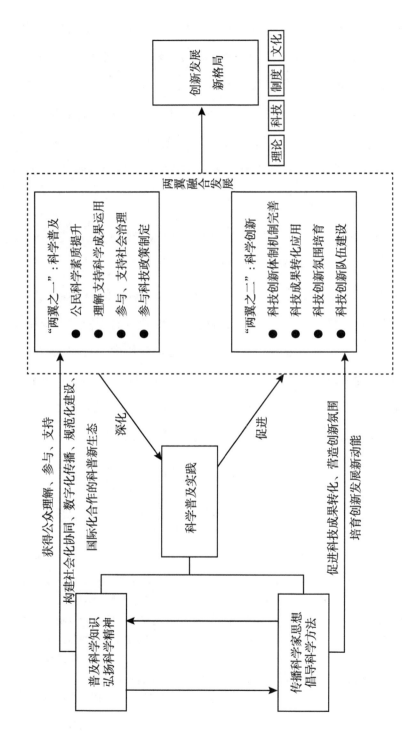

图 1.2 基于"对话模型"的科普实践"一体两翼"动力机制

第二章
数字平台科普栏目分析

一、数字平台科普栏目内容

（一）节目内容特点与创新

融媒体背景下科普节目内容设计相较于之前突出精细化、针对性、时效性，确保与科技的发展进步保持同步。借助数字媒体的优势，通过短视频解读、在线直播演讲、VR和AR展示等多渠道载体同步传播方式，不但在形式上拓展了科普内容的立体性、多样性、生动性，使科普内容融合了听觉、视觉和触觉等多种体验，为广大受众提供了良好的体验，也在内容传播方面提升了艺术性、互动性、趣味性，创新了传播渠道，扩大了传播辐射面。[①]

科普短视频凭借趣味化、碎片化、多元化等优势，在激发受众科普学习兴趣的同时，充分满足了受众个性化的情感需求、价值需求等，极大地提高了科普知识的传播力，为新时代科普事业的发展提供了新思路。据

① 薛红玉，刘茜．浅谈数字媒体技术在科普内容创作中的应用［J］．中国传媒科技，2019（11）：109−111.

抖音发布的《2022抖音自然科普数据报告》显示，2021年抖音自然科普相关视频累计获赞11亿次，万粉作者数相比2020年同期增长72%，科普短视频正在成为科普传播的主要类型与渠道。对于科普短视频制作者来讲，其首要任务是确保科普内容的真实性、准确性，内容生产过程就是科普过程，内容质量直接决定科普效果。客观来讲，科学与媒介存在着天然的学理冲突。就内容价值而言，科学强调严谨、规范和教育功能，科技工作者对科普内容有着较高的标准。媒介价值则强调传播速度快、内容有趣、流程规范等。因此，如何寻求科学与媒介的学理平衡，实现科学资源与媒体渠道的整合，就成为科普传播要解决的基本问题。特别是在全媒体时代，如何通过科普内容的创新生产，满足受众知识、情感、价值等层面的多元诉求，提高科普内容的达到率，也成为科普短视频传播成功与否的关键。[①]本书以抖音号《科普中国》、CCTV-17《谁知盘中餐》、央视网《够科普》三个栏目为例分析数字平台科普节目的内容特点及创新途径。

1. 抖音号《科普中国》

近年来，中国科协主办的"科普中国"不断加大"两微一端"的投入，积极开拓科普短视频领域，取得了显著成效。截至2023年2月1日，抖音号《科普中国》，发布作品1717个，粉丝总数达到了185.3万人，获赞总数740.9万。在内容多元化方面，抖音号《科普中国》为大众提供了参考和借鉴。通过对账号短视频作品的内容进行分析，可发现其科普主题主要涵盖生活常识、医疗卫生、科技发明、宇宙运行、自然知识、社会热点和冷知识等方面，且生活常识类短视频占比最高。整体来讲，"科普中国"内容多元，贴近日常生活，能够引起受众的关注兴趣，同时能够满足受众多元需求。如"导致触电事故发生的因素""这里有预防过敏的小妙招""蚝

---

① 徐啸. 抖音号《科普中国》如何做好中国科普传播［J］. 传媒，2023（5）：69-71.

油会致癌，千万不能吃？""剩饭菜还能不能吃？"等内容，与受众生活息息相关，不仅能够激发受众的观看兴趣和情感共鸣，而且有效保留了科普的逻辑性，提高了内容到达率和渗透率。除了占比最高的生活常识类内容外，《科普中国》对科技发明、医疗卫生、自然知识类的科普主题也较为青睐，如科技发明类的"中国北斗，世界尽在眼中""中国散裂中子源'超级显微镜'带你格物探微""刀尖上的盾构人生"等，医疗卫生类的"什么是封闭针？""隐形的三手烟""静脉曲张怎么办"等，自然知识类的"鱼类为什么能顶住深海压力""植物竟然有'血型'？""你真的了解乌鸦吗？"等。这些内容有效消除了严肃科学与普通大众之间的专业隔阂，以通俗易懂的内容普及抽象晦涩的科学知识，真正契合了其"公众科普，科学传播"的品牌定位。

2. CCTV-17《谁知盘中餐》

CCTV-17是国家级农业农村频道，立足"农"字优势，以群众为中心，强化"乡土"特色，以深入宣传乡村振兴、脱贫攻坚和建设美丽中国等为己任。2020年3月4日开播的《谁知盘中餐》到目前已播出500多期。其主要内容是到各类农产品的原产地溯源，探寻农产品的种植或养殖技术、培育或生产过程，通过层层揭秘的方式让观众了解各种农产品是如何从田间到餐桌的。在节目中通过科学实验的方式回答观众关于相关农产品的选购、食用、烹饪等方面的问题，让观众在每期节目之后都有所收获。该节目力求构建农产品安全领域的求真求证平台，为百姓提供具有公信力、权威性的食品安全信息，既普及了农产品营养、安全等知识，又促进了农业的健康发展。

节目将电视节目的受众定位为对农业、农村、农民等感兴趣的城乡观众，既包括农民受众也包括城镇居民受众。对受众定位的扩展也意味着传播内容的扩展。城镇居民虽然不居住在农村，但每天餐桌上的食材均来自农村，因此会十分关注粮油米面、肉禽果蔬等食品安全信息。他们对"三农"内容的兴趣来自对养生和健康的求知兴趣。这不仅提高了节目收视率，也扩大了节目受众的定位群体。《谁知盘中餐》在进行农产品科普的同时，也介绍了很多原产地的风俗文化和特色美食。这对于促进城镇居民的农事体验、赏果采摘等农耕休闲需求，从而带动乡村旅游发展，为农民创收起到重要作用。通过节目内容上的"涉农"，让城镇居民对"三农"产生更多关注，可以从"外部"层面发挥解决"三农"问题的积极作用。[①]

3. 央视网《够科普》

以中央广播电视总台央视网"快看"短视频平台推出健康类短视频栏目《够科普》为例，截至 2022 年 3 月 1 日，以《够科普》为词条的微博话题阅读量达 1.4 亿次，讨论量共计 12.3 万次，短视频多次登上热搜榜，实现了较为可观的传播量级。作为一个健康类短视频品牌，《够科普》为主流媒体推动建设"健康中国"、实现"全民健康"提供了新典范。

在以交互化和个性化为特征的新媒体平台，除了严谨权威的"科学性"，受众同样看重科普视频的"普及性"，并希望在碎片化时间内快速摄取需要的媒介信息。《够科普》栏目在确保话题"科学性"的前提下，立足内容"普及性"，覆盖四大类型的话题，包括医学应急类科普、生活贴士类科普、健康节点日科普及热点追踪类科普。

① 彭丽霞.健康中国背景下农产品科普节目的制作策略——CCTV-17《谁知盘中餐》的启示［J］.中国广播电视学刊，2022（375）.

（二）科学话题的选择与呈现

习近平总书记在十八届中央政治局第九次集体学习时所做的重要讲话中指出，要着力推动科技创新与经济社会发展紧密结合。科研和经济联系不紧密问题，是多年来的一大痼疾。这个问题解决不好，科研和经济始终是"两张皮"，科技创新效率就很难有一个大的提高。科技创新绝不仅仅是实验室里的研究，而是必须将科技创新成果转化为推动经济社会发展的现实动力。①科普工作的最终目标是推进经济社会健康发展。科普的时效性是科普短视频传播效果的重要评判标准。热点事件能够有效吸引人们的关注，并迅速形成效能强劲的舆论场域。此时若是抓住时机，以"蹭热点"方式进行科普推送，能够起到事半功倍的传播效果。数字科普平台在科学话题的选择方面，主要围绕科普工作的最终目标及价值导向，弘扬科学家精神，突出价值引领，紧跟时事热点，聚焦受众需求，并且采取了创新性的呈现方式手段，取得了良好的科学传播效果。

1. 抖音号《科普中国》：围绕热点话题，呈现方式多样

抖音号《科普中国》非常注重事件营销，除了日常生活科普外，还围绕热点话题事件精准制作推送相关科普内容，提高内容传播力和影响力。围绕中国北斗系统组网成功的热点事件，先后推出《揭秘北斗卫星导航系统，背后不为人知的艰辛》《中国北斗，世界尽在眼中》等短视频，既有科技讲解，又有故事讲述，在科技与人文的碰撞中激发了受众的爱国情怀。还在特殊节日或纪念日推出相应的科普短视频，如2021年全国科技工作者日推出四组以钟南山、张伯礼、张定宇、李兰娟为主人公的人物短视频，其中"钟南山院士祝全国科技工作者'5·30'节日快乐"短视频获赞8.4万，

传播效果显著，帮助受众树立了正确的科技观。

　　抖音号《科普中国》凭借多样化的科学话题呈现方式，增强传播渗透性。内容呈现方式是否多元，直接影响科普内容是否具有吸引力。科普短视频属于科普新形式，如何对短视频进行深入挖掘，以更加细化、多样的方式呈现，是科普短视频成功与否的关键。《科普中国》的呈现方式主要有四种，包括影音剪辑、真人出镜、动画讲解、实验呈现。影音剪辑是短视频表达的最基本方式，具有碎片化、灵活化、贴合性强等优势，较典型的有"配乐＋剪辑""画外音＋剪辑"。"配乐＋剪辑"中音乐元素的有效融合，可以起到调动受众情绪、提高内容吸引力的效果。而画外音与剪辑的有效融合，则可以优化受众视听体验，突出科普主题，在背景解说和影音配合的作用下，让受众更加快速、精准地获取核心知识点。如2021年8月6日，"学会更好地保护自己才可以进行更多的运动"短视频，就是通过"画外音＋图片剪辑"的方式普及防止运动损伤的知识技巧，简洁明了，效果显著。真人出镜主要是账号运营者或其他专业人士出镜讲解，前者主要见于自媒体账号，后者则主要见于官方账号，即通过权威人士出镜，以受众喜闻乐见的方式，将严肃晦涩的知识或科研成果传达给受众。2021年7月29日，"经常说的少食多餐真的对身体有好处吗？"短视频，邀请了北京中医医院消化中心副主任医师李博进行专业解答，并巧妙融入动画、弹窗等元素，实现了权威性与趣味性的统一，提高了内容说服力。动画讲解是科普内容可视化呈现的重要手段，在科学原理讲解中得到广泛应用，也可增强内容的趣味性。2020年11月24日推出的"你知道嫦娥五号发射之后要做什么吗？"短视频，以"配乐＋动画仿真还原"的方式，直观具体地呈现了嫦娥五号发射后的工作画面，并在动画上配以简短的文字说明代替画外音，使受众能够更加集中地去观看解读，有效提高了科普效果。①实验呈现则是通过实际操作再现某一科学知识或科技原理，具有较强的直观性，但总占比不是很高，基本是辅助性存在。多元化的呈现方式能够满足不同层次受众的观看需求，有效降低知识消费的门槛，消除科技与大众的认知障碍，增强科普渗透性，是实现全民科普的重要路径。

2.《今日科学》：弘扬科学家精神，体现科普节目的价值引领

2019年6月，中共中央办公厅、国务院办公厅印发《关于进一步弘扬科学家精神加强作风和学风建设的意见》，提出要大力弘扬"胸怀祖国、服务人民的爱国精神，勇攀高峰、敢为人先的创新精神，追求真理、严谨治学的求实精神，淡泊名利、潜心研究的奉献精神，集智攻关、团结协作的协同精神，甘为人梯、奖掖后学的育人精神"。②这是首次在中央文件中对"科学家精神"进行明确的阐述。2020年9月11日，习近平总书记在科学家座谈会上指出，"科学家精神是科技工作者在长期科学实践中积累的宝贵精神财富"③，并强调"科学无国界，科学家有祖国"④。2021年5月，在中国科学院第二十次院士大会、中国工程院第十五次院士大会、中国科协第十次全国代表大会上，习近平总书记提出"新时代更需要继承发扬以国家民族命运为己任的爱国主义精神，更需要继续发扬以爱国主义为底色的科学家精神"⑤，进一步阐明了科学家精神的根本特征。党的二十大报告强调，要"培育创新文化，弘扬科学家精神，涵养优良学风，营造

---

① 徐啸.抖音号《科普中国》如何做好中国科普传播［J］.传媒，2023（5）：69-71.
② 关于进一步弘扬科学家精神加强作风和学风建设的意见［M］.北京：人民出版社，2019：4-6.
③ 习近平.在科学家座谈会上的谈话［M］.北京：人民出版社，2020：11.
④ 习近平.在科学家座谈会上的谈话［M］.北京：人民出版社，2020：12.
⑤ 习近平.在中国科学院第二十次院士大会、中国工程院第十五次院士大会、中国科协第十次全国代表大会上的讲话［M］.北京：人民出版社，2021：18.

创新氛围"。①

科学成就离不开精神支撑，离不开科学家们的忘我奋斗，离不开科学家精神的大力弘扬。《今日科学》栏目将大力弘扬科学精神和科学家精神作为重要选题。2021年5月22日，杂交水稻之父袁隆平去世。为回顾缅怀袁老一生创新实践、科学精神和崇高风范，《今日科学》栏目迅速录制播出了"致敬·铭记——杂交水稻之父袁隆平"。以此为起点，截至2023年7月14日，《今日科学》为纪念近年来去世的两院院士，已经录制并播出了10余期《致敬·铭记》系列节目，包括《致敬·铭记——本然化成谢毓元》《致敬·铭记——微生物生化学家沈善炯》《致敬·铭记——陶瓷材料专家郭景坤》《致敬·铭记——陈清如"煤"好蓝天"矿"世奇缘》《致敬·铭记——"深潜"一生彭士禄》等。在节目制作过程中坚持价值引领，把握主基调，唱响主旋律，弘扬家国情怀、担当作风、奉献精神，焕发科学家精神的时代感召力，让"爱国、创新、求实、奉献、协同、育人"的科学家精神在全社会发挥业务平台示范引领作用。②

《今日科学》栏目在确保节目内容权威准确的前提下，力求专业性与时效性并重、知识性与服务性结合、科学性与趣味性兼具，达到贴近群众、服务群众的目的。专业性与时效性并重，就是要对人民群众普遍关心关注的热点题材进行专业解读。2021年4月，日本政府正式决定将福岛第一核电站含有对海洋环境有害的核污水排放入海，预定两年后开始排放。此举引发了环太平洋周边各国广泛关注。《今日科学》邀请南京理工大学环境与生物工程学院专家录制一期"日本核废水离我们有多远？"节目，为社会大众答疑解惑，回应群众关注。知识性与服务性结合，就是从与群众生

————————————

①　习近平.高举中国特色社会主义伟大旗帜 为全面建设社会主义现代化国家而团结奋斗——在中国共产党第二十次全国代表大会上的报告［M］.北京：人民出版社，2022：35.

②　兰勤.发挥科普节目价值引领功能［J］.视听界，2022（6）：103-105.

活息息相关的身边科学入手进行选题策划，在有效服务人民群众工作生活的过程中传播科学知识，倡导科学理念。2022年夏天，某品牌雪糕被网友爆出在户外暴晒一个多小时不融化，由此产生了对于食品安全性和品质的质疑。《今日科学》邀请中国营养学会理事、东南大学副教授王少康走进演播室，就食品安全、食品添加、食品营养等话题进行交流。近年来，中小学生心理健康成为人民群众较为关注的话题。《今日科学》栏目录制播出了"关爱青少年心理健康""家长如何做好角色转换""走进抑郁　走出抑郁"等系列节目，用科学态度、科学知识对家长和中小学生进行疏导和干预。

在呈现方式上，《今日科学》坚持科学性与趣味性并重，把艰深专业、深奥晦涩的科研成果、科技术语、科学原理，用通俗易懂、群众喜闻乐见的语境语态表达出来。在第七个"中国航天日"前，《今日科学》邀请南京航空航天大学教授、中国航空学会理事昂海松教授录制了一期"问天之旅"访谈节目，对航天航空科学领域中的专业术语、冷门名词等进行通俗解读，并且分享了我国航天事业的发展历程和辉煌成就，弘扬传承伟大的航天精神。这档节目不仅具有较高的科学性，也引发了广大青少年观众的浓郁兴趣，受到广泛好评。科普节目亟须通过创新来适应新的传播形势，发挥价值引领功能。《今日科学》坚持节目形态创新，不断提高传播效果。《今日科学》改变原有的专家演讲、演播室访谈等传统节目录制样式，根据节目内容需要把演播室搬到科研院所试验室、科技企业生产车间、科普惠农田间地头。2022年9月22日，《今日科学》把演播室搬到南京中山植物园，以主持人和嘉宾边走边谈的行进式录制方式，以"秋分"为切入点，向观众介绍中国传统二十四节气中所蕴藏的天文学、生物学知识，播出后受到观众好评。①

---

① 　兰勤.发挥科普节目价值引领功能［J］.视听界，2022（6）：103-105.

3. CCTV-17《谁知盘中餐》：生活化选题与科学化制作

《谁知盘中餐》的选题有三个特点：一是选题内容丰富。500多期节目中介绍的不同农产品大都是日常生活中方便购买的。如与鸡有关的节目有40多期，涵盖了不同品种、养殖方式、吃法的介绍。观众可以从节目中了解到泰和乌鸡、清远走地鸡、郓城斗鸡、西双版纳茶花鸡等不同品种鸡的辨别方式，也能学习到文昌椰子鸡、龙门盐焗鸡、枣庄辣子鸡等不同鸡肉的做法。二是选择观众感兴趣或感到困惑的话题作为选题。如"鲤鱼去腥的秘密""兰州牛肉面美味的秘密""脆冬枣的甜味密码"等节目向观众解答食物的美味原因。"草莓需要安心吃""柳州螺蛳粉走红背后的秘密"等节目则回答了畸形草莓能不能吃、螺蛳粉是不是垃圾食品等观众的疑问。三是选题贴近观众的生活节点。如过年前有"年味餐桌"系列主题，元宵节前播出关于彩色汤圆的节目，端午节前后播出关于咸鸭蛋、粽子相关的节目。与观众同步生活节奏的选题能更好地营造全民了解农业知识的氛围。

在科学话题的呈现方式上，《谁知盘中餐》采用了悬念式的故事化叙事方式及贴近群众生活的语言表达形式。《谁知盘中餐》采用了专题型节目形式进行制作，即对某一选题进行较为全面、详尽、深入的反映，以外景拍摄为主，结合演播室内主持人的串场进行录制。节目的内容制作和节奏采用了比较新闻化、悬念式的故事化叙事方式，从而避免说教。每期节目的文字简介也能说明其叙事方式。常用的词汇如"秘密""探寻""溯源"等说明该节目带着一种揭秘的手法进行拍摄制作；"味道""口感""营养""价格"等与农产品相关的词汇说明了节目制作的维度；"北京""公里""出发"等与距离有关的词汇则表明节目组千里迢迢地奔赴原产地拍摄。设置悬念是故事化叙述的关键。农产品科普节目设置悬念的方式包括节目开篇时由主持人抛出问题，或由粉丝群、街头采访等方式抛出与农产品有关的诸多食用疑问，带着这些问题逐步开启探秘的过程。这种追寻问题答案的表现形式更加引人入胜。《谁知盘中餐》的节目特色还在于其接地气的群众话语和镜头语言。这一方面体现在人性化的表达，即坚持以人为本，用群众语言报道群众。节目中，编导与跟拍对象们打成一片，像朋友一样交流，用平民化的叙事风格来表现劳作日常，平实鲜活、原汁原味地展现出劳动人民的美。这种内容和表达上的真诚更容易打动观众。另一方面，节目组采用了多种镜头组合来带动观众思考。如"章鱼为何会变脆"中由市场到渔场再到工厂的场景逐渐切换，使得观众的思考深度不断加深。在"多变的菜籽油"中通过特写镜头对比脱壳前的菜籽和脱壳后的菜籽。类似的拍摄手法也是《谁知盘中餐》在拍摄农产品加工工艺中常用的。随着编导逐步深入探寻的镜头语言，也可以令观众产生身临其境的观感。[①]

4.《够科普》："普及性"打造立足点

以交互化和个性化为特征的新媒体科普平台，除了"科学性"，受众同样看重科普信息的"普及性"，希望在碎片化时间内快速获取有价值的信息。《够科普》栏目在科学话题选择上呈现以下三个特征：①追求社会事件的话题性。《够科普》栏目将公众热烈讨论的社会事件作为话题发酵点，以权威专家科普视角适时发声，进而提高自身内容的传播率。②注重特定时间的时效性。除了对热点话题的紧密追随，《够科普》栏目的选题还关注健康类节日点，以抓取视频内容的时效性。③回归生活日常的普适性。在追求话题性和时效性的同时，栏目并未一味追求流量，而是回归科普的本质，将受众的现实生活需求和常见健康问题纳入选题范围，创制了占比约四成的生活贴士类与疾病科普类视频，使得视频的生活温度和科普

---

① 彭丽霞.健康中国背景下农产品科普节目的制作策略——CCTV-17《谁知盘中餐》的启示［J］.中国广播电视学刊，2022（375）.

深度融为一体，有效发挥主流媒体的健康知识普及功能。[①]

在科学话题呈现上，《够科普》栏目采用语境搭建等多种手段促成受众认同。在新媒体传播平台上，如何在碎片化时间内获得受众的注意是主流媒体做好健康传播的重要议题，而"属性议程设置"理论则给予了解决方向。该理论认为，"媒体不仅能向公众传递议题的显著性，还能提供语境影响公众对议题属性的判断"。《够科普》栏目对话语形态、叙事手法和模态符号进行针对性创新，以此搭建能得到受众认同的互动语境，提升关注度，具体采用了网感化的话语形态、第二人称叙事手法、立体化模态符号等表达方法和手段。[②]

（三）科普传播手段创新

2021年6月3日，国务院印发《全民科学素质行动规划纲要（2021—2035年）》（以下简称《纲要》）。《纲要》指出，科学素质是国民素质的重要组成部分，是社会文明进步的基础。公民具备科学素质是指崇尚科学精神，树立科学思想，掌握基本科学方法，了解必要科技知识，并具有应用其分析判断事物和解决实际问题的能力。提升科学素质，对于公民树立科学的世界观和方法论，对于增强国家自主创新能力和文化软实力、建设社会主义现代化强国，具有十分重要的意义。《纲要》提出"突出科学精神引领、坚持协同推进、深化供给侧改革、扩大开放合作"的原则，要求到2025年，我国公民具备科学素质的比例要超过15%；到2035年，我国公民具备科学素质的比例要达到25%。"十四五"时期，重点围绕践行社会主义核心价值观，大力弘扬科学精神，培育理性思维，养成文明、健康、

① 张恪忞，王梦园.主流媒体健康类短视频内容生产与融合传播研究——以央视网"够科普"栏目为例［J］.电视研究，2022（7）：45-48.
② 张恪忞，王梦园.主流媒体健康类短视频内容生产与融合传播研究——以央视网"够科普"栏目为例［J］.电视研究，2022（7）：45-48.

绿色、环保的科学生活方式，提高劳动、生产、创新创造的技能，分别实施针对青少年、农民、产业工人、老年人、领导干部和公务员等人群的五项科学素质提升行动；深化科普供给侧改革，提高供给效能，着力固根基、扬优势、补短板、强弱项，构建主体多元、手段多样、供给优质、机制有效的全域、全时科学素质建设体系，实施科技资源科普化、科普信息化提升、科普基础设施、基层科普能力提升、科学素质国际交流合作五项重点工程。

　　媒体融合的趋势下，包括报纸、期刊、图书、广播、电影、电视等在内的传统媒体在科普传播选题策划、内容精耕方面具有明显的优势，且集中了一批专业人才，形成了科普传播的丰厚积淀，同时积极开辟新媒体平台，实现融合发展。网站、微博、微信、移动客户端等网络媒体具有时效性高、覆盖面广的优势，成为当前科普传播的前沿阵地。科技新闻、事件几乎都是微信、微博等社交媒体最先披露报道。社交媒体平台还容纳了包括政府部门、科研机构、学校、科学组织、知名人士等在内的科普信息发布主体，成为科技信息发布最快、影响最大的媒体集群。据统计，2020年我国共发行科技类报纸1.58亿份，出版科普图书9853.60万册，发行科普期刊1.31亿份，广播电台播出科普节目12.83万小时，电视台播出科普节目16.46万小时，共建设科普网站2732个、科普类微博3282个、科普类微信公众号8632个。[①]这些统计数据展示了科普在媒体领域的广泛传播力度。科学新闻发布频率达到新高，新闻发布会成为发布科技成果、信息的重要形式，中宣部、国务院新闻办公室等牵头的重大科技新闻发布具有权威性，中国科协和各类科技学会、协会成为科技交流及科普活动发布的重要平台，大学、科研机构、知名企业及时发布科技成果，成为科普传播的重要辅助平

---

① 中华人民共和国科学技术部．中国科普统计（2021年版）［M］．北京：科学技术文献出版社，2022（4）：81–93.

台。《2020中国公民科学素质抽样调查报告》显示，通过电视、互联网和移动互联网获取科技信息的公民比例分别达到85.5%和74%。根据对广播电视科学节目的不完全统计，2021年以演讲人、解读嘉宾等身份在各种广播电视节目中或"发声"的科技工作者数量明显增多。各类节目越来越多地邀请科技工作者参与科学节目的策划、顾问和审核等工作。直接参与各类广播电视节目创作的专业科技工作者超过千人。这种态势打破了科学传播领域科技界与媒体界之间的壁垒，形成了科技界与媒体界的良性互动。①以中国科学院为主要代表的科研机构是具有公信力和权威性的科普传播主体，高端科研资源丰富，自办广播科学专栏，建成了包括"中国科普博览"《格致论道》、"科学大院"、"科院少年"等在内的全媒体传播体系。中国科普博览网站的"听听科学"的广播专栏以传播不同门类的科学知识为主，具有代表性。

随着互联网的飞速普及和数字化技术的快速发展，"两微一端"、短视频等平台迅猛发展，科普知识传播进入快车道，科普形式正变得多元化、个性化。当下的科普不仅包括场馆科普、课堂科普、教材科普、科普论坛、科普讲座等传统科普形式，还包括了不断涌现的短视频科普、直播科普、数字化科普、微信平台科普等新形式，②呈现如下特征。

科普类短视频创作呈现快速增长趋势。据清华大学联合抖音发布的《知识普惠报告2.0》显示，到2021年底，仅抖音平台的知识视频累计播放量已经超过6.6万亿，点赞量超1462亿，评论量超100亿，分享量超83亿。科普机构也顺应媒体融合发展趋势，不断丰富网络宣传平台体系，构建包括哔哩哔哩、微博、百度、今日头条、抖音、快手等热门平台在内

① 中国科学院科学传播研究中心.中国科学传播报告（2022）［R］.北京：科学出版社，2022（1）：6.

② 胡蔚.［地评线］中安时评：创新科普形式提高国民科学素养［EB/OL］，2021-06-23.

的新媒体科普矩阵，提升网络传播科学的能力。例如，2021年中国科学院首次在实验室实现淀粉人工合成。中国科普博览策划创作了相关科普文章和动画视频，依托自建的科学传播媒体矩阵开展广泛传播，在央视频、微信、微博、哔哩哔哩、知乎、抖音等平台发布，并被广泛转载，取得了很好的反响。短微视频构建学习场景，众多知名视频平台推出知识消费类版块，通过短视频、微视频，所普及的科学知识涵盖自然地理、科学技术、人文社科等专业领域。专业机构、媒体、网红达人、业余爱好者发挥各自所长，进行可视化的科普传播。科普创作的主体范围扩大。在"人人都是创作者"的时代，科学传播方式从专业人士主导转变为全民式分享。

线上科普课程提供优质学习资源。2021年12月9日，"天宫课堂"第一课正式开讲，中国航天员、"太空教师"翟志刚、王亚平、叶光富在中国空间站主讲太空科普课，生动展示了空间站工作生活场景，演示了微重力环境下细胞学实验、人体运动、液体表面张力等神奇现象，并讲解了实验背后的科学原理。航天员还通过视频与地面课堂师生进行了实时互动交流。这是中国空间站首次太空授课活动。中国科学院推出的"科学公开课"，选取地质、航天、物理、生物、科学史等多个领域，由科学家为中学生带来丰富生动的线上科普讲座。CCTV-4推出"同上一堂课"，打破传统学习方式，提供了创新性的学习资源。

线上科技交流成为常态。2021年11月，世界公众科学素质促进大会以线上线下结合的方式在北京举办，主题为"提升科学素质 共建绿色家园"。国际重要科技组织负责人、顶尖科学家、知名学者及相关代表围绕提升公众科学素质、促进绿色低碳转型等议题，分享科学助力绿色发展的思想、成果及经验，探讨以科学素质全球合作促进可持续发展的对策方案。

科普机构拓宽各类渠道进行跨界合作。科普机构在积极整合自身内容制作和渠道传播优势的同时，不断寻求外部力量，与其他行业机构深化合作，积极整合科普资源，扩大自身影响力。科普机构将现实中的讲座、课堂、实验、展览和博物馆等通过5G、AR、VR和H5等数字技术搬运到网络，建立和完善网络科普矩阵，提高知识传播力。科普活动在线化，吸引了大批公众参与。2021年5月，全国科技活动周以"百年回望：中国共产党领导科技发展为主题"，以时间为主线分区展示，系统展示了量子点光谱传感技术、思元系列AI芯片及加速卡、50千克电驱动四足仿生机器人、新冠灭活疫苗等一批与大众生活息息相关的新技术、新产品。"云上"虚拟展厅突破线下场地的显示，带领线上观众了解北京科技创新发展历程及代表性成就。各地自然博物馆积极推进数字化转型，与科技云类公司合作，推出线上主题游览，借助用户间的主动分享来扩大影响力，为用户带来身临其境之感，在沉浸式体验中达到科普传播的目的。[①]

本书以抖音号《科普中国》和《够科普》两个典型的数字平台科普栏目为例，具体分析科普传播的创新路径及创新策略。

1. 注重话题互动，拓展传播渠道

抖音平台的话题标签是视频发布者依托内容进行的主题总结，通过进一步细化分类，更加精准地推送给相关受众，同时也便于受众参与话题讨论。目前，抖音平台的话题参与机制已经成为重要的曝光渠道。参与热点话题，不仅能够激发创作者内容生产灵感，而且能够实现潜在的引流，提高账号关注度。抖音号《科普中国》在科普传播上采取以下策略：一是使用话题标签。通过对《科普中国》的梳理发现，大多数短视频都带有标签，如"dou出新知""涨知识""抖音小助手""知识先锋计划""全民防疫"

---

① 中国科学院科学传播研究中心.中国科学传播报告（2022）[R].北京：科学出版社，2022（1）：9-10.

等热度较高，这些话题都是流量聚集地，有着较高热度，在内容发布时加上相关话题，能够有效拓展信息曝光渠道。如2020年3月25日推出的"超直观地告诉你，为什么要用七步洗手法"短视频，通过巧妙的实验设计，让受众看到了全新的科普内容，独特风格直击受众诉求点。因话题本身具有非常高的参与度和紧迫感，受众通过该短视频精简、直观的科普叙述，加深了对七步洗手法的认知，提高了受众内容认同度，最终该短视频获得了30多万点赞数。二是建构话题圈层。《科普中国》还非常注重话题的圈层化建构，通过小众化的话题参与增强内容传播的精准性，打破算法推进对内容的固有定式，进一步拓展曝光渠道。如2021年11月5日"脱发和洗头有关系吗"短视频中的"掉发话题"，2021年11月16日"你家猫咪有给你带过什么'小礼物'回来吗"中的"猫"话题，2021年11月23日"拍照不上相是因为丑吗"中的"拍照"话题等，这些小众化话题具有一定的圈层性，但同时也具有较强的圈层突破力，可以快速实现圈层之外的分享传播，进而扩大影响范围，增加曝光度。最重要的是，许多小众化话题是年轻受众的聚合地，通过科普短视频的有效渗透，能够提高科普短视频的分众传播效果。

2. 开拓科普直播，聚合多元优势

近年来，移动直播正在从泛娱乐化转向垂直领域，文娱、带货、助农、科教等，内容看点越来越多，而科普直播就是当前移动直播垂直领域的一大热点。科普直播能够有效解决传统科普即时性不强、交互性不够、沉浸性缺位等问题，可以为受众创造身临其境的"云空间"，进一步拓展科普短视频传播的形态边界。在政策扶持、平台鼓励的作用下，抖音科普直播正在实现常态化建构，如"抖音看世界"专题直播，进一步增强了科普短视频的时空延展性，成为助力科学传播的重要举措。"科普中国"早在

2020年就开通了直播业务，截至2022年底，先后进行了超100场直播，且频率越来越高，正在形成常态化机制，有效聚合了线上线下多平台传播优势，进一步释放了其科普效能。2020年9月，"科普中国"推出直播活动品牌"未来耀科学"，采用直播的方式，围绕热点事件或地方需求，邀请权威专家做出科学解读，传播科学知识，回应受众关注。该直播品牌先后举办了"全国科普日""国际减灾日""量子科技""能源探索""世界地球日""公众科学素质促进开放日"等主题活动，累计观看人次上亿，抖音号《科普中国》就是重要的直播平台之一。如在"走进中国科学院武汉病毒研究所"直播活动中，利用3D、VR等技术，为受众呈现了一个病毒世界，并通过专家讲解，让受众了解病毒结构、作用机制、疫苗价值等，在科研工作者的专业解读中进一步弘扬科学家精神，强化科学意识。本次直播活动在抖音号《科普中国》及其他短视频平台进行了同步直播，累计观看人数达到200多万。除了开发自身直播品牌外，"科普中国"还与其他科普机构合作，开展相关直播活动，进一步拓展了科普直播渠道。如2021年9月1日至9月18日，由中国公众科学素质促进联合体、全国科普日共同举办"公众科学素质促进开放日"主题直播，开展了"走进南京地质古生物研究所""走进节能环保集团""走进三峡集团""走进秦山核电站""走进中央气象台""走进中粮健康研究院"等系列直播活动。今日头条、抖音、西瓜视频三大短视频平台进行同步直播，抖音号《科普中国》也参与其中。可以说，科普直播正在成为科普短视频未来发展的突破口，是增强科普短视频传播延展性、长效性的重要渠道。①

3.加强台网协同，推进短视频融合传播

当前我国的台网关系（电视台与互联网的关系）呈现出"从依附关系

---

① 徐啸.抖音号《科普中国》如何做好中国科普传播［J］.传媒，2023（5）：69-71.

转向平等关系"和"台网平行、互动前行"的阶段特征。在媒体融合语境中，科普栏目通过对台网资源的整合互动进行传播模式创新，将"台"的优质内容进行"网"这一新兴形式的二次创作，借助台网之间的跨界融合，赋予视频内容更长效的传播周期。如基于中央广播电视台科教频道"健康之路"栏目，将"血管不好伤腿脚"改编为"老年人走不动路背后或隐藏着重大疾病"等短视频作品。再如短视频"护肤品用得越多越勤皮肤或越差"正是对中央广播电视总台综合频道"人口"栏目"护肤有道"一期内容的再创作产品。该短视频基于网络受众的观看习惯与关注焦点，将原先近20分钟的内容精剪至5分钟内，并分为"判断皮肤屏障受损的方法"等七个版块。《够科普》栏目基于媒介融合理念，在科普传播路径上优化创新，通过对总台电视节目优质内容的整合打造短视频，并将其分众化投放到全媒体矩阵中，最后借助共情联结引发受众反馈，由此收获了长周期、广范围和深影响的传播力。《够科普》栏目依托台网资源整合、内容相融的路径，淡化了电视节目的传统色彩，增强了网络短视频的亲和力，能够打破传统媒体和新兴媒体之间的隔阂，最终在跨屏传播中实现网络与电视受众的互补耦合，促使原创内容的二次发酵与传播，延长视频传播周期，使影响力更加深远广泛。《够科普》将央视网作为首发平台，同时基于微信视频号、微博、哔哩哔哩、腾讯视频、头条号、百家号等视频矩阵平台的央视网官方账号，发散式、有针对性地进行内容投放与多渠道传播，进而实现多平台联动，推动流量的裂变，提升短视频影响力。

4. 共情传播提升互动反馈

共情传播是指个体在面对群体的情绪情景时参与信息接收、感染和表达以及传递分享的行为过程。在移动互联网主导的信息环境中，情感扩散与群体共鸣已成为传者获得受者注意力资源的重要方式。作为具有官方性质的主流媒体栏目,《够科普》不仅注重客观性与权威性,还观照社会生态,通过搭建情感交流的场域,推动受众自发地转发、点赞和评论,以高度反馈促使视频的二次传播。如短视频"不穿秋裤真的会得老寒腿?这个视频转给妈妈看看",在话题设置上就将"母亲提醒穿秋裤"这一年轻人日常遇见的现实状况进行视频化重构,唤醒受众的个人情感。视频开头一句"北风一路南下,又到了妈妈提醒你穿秋裤的季节",又在语言表达层次上提升共情深度,营造传受双方共同的情绪体验。最后视频以设置词条"什么时候应该穿秋裤"的方式,将这种共同疑惑作为话题引导,激发受众对于穿秋裤时间的讨论欲望,并由此产生共情联结,引发情感共鸣,促进视频的再次传递与扩散。①

二、数字平台科普栏目形式

(一)讲座式节目形式

讲座式科普节目内容上突出针对性、时效性、趣味性。科普面向大众,科普讲座既要拉近与受众的距离,也要贴近受众的实际生活,根据受众的习惯与喜好来确定科普讲座的内容方向,还要坚持以受众为中心,满足受众对科普的需求。融媒体环境下,科普讲座的载体和受众等都有很大变化,尤其是受众年龄段、知识结构、科普需求等有着较大差异。当下的科普主题讲座通常与受众的特点相结合,以满足不同层次受众的需求。科普讲座根据受众不同年龄段的特征和需求,如年轻人偏爱新颖、即时、线上线下融合的科普手段,老年人则更容易接受线下科普,儿童青少年更

① 张恪忞,王梦园.主流媒体健康类短视频内容生产与融合传播研究——以央视网"够科普"栏目为例[J].电视研究,2022(7):45-48.

需要互动性的科普体验，在科普场景的搭建、科普内容的设计、科普手段的选用上进行分类区分，不完全依赖于互联网或数字技术，可进一步增强科普的针对性，精准满足个性化的科普需求。①如《院士专家讲科学》栏目，受众定位为青少年群体，旨在提升青少年科学素养、激发青少年科学兴趣、培养一批具有科学家潜质的青少年群体。栏目结合青少年感兴趣的航空航天、生命科学、人工智能、量子科学等多个领域，邀请院士、专家进行精彩解读，以妙趣横生的科学故事、寓教于乐的互动体验，引发青少年的追问和探索。

融媒体背景下，讲座式科普节目的空间也与时俱进地拓展和延伸。讲座式科普节目的场所范围不断扩大，涵盖了学术会议、公共活动以及网络直播等形式，突破传统科技馆内及演播室等地域空间的限制，扩大了受众群体和辐射半径。讲座式科普节目把科普知识送到广大公众的身边，把专家学者带到广大公众的身边，从而最大限度地使更多的社会公众接受科普知识的教育，提高自身素质，改善生活、工作和学习的质量。

本书选取若干当下我国较为典型的讲座式科普节目，对其栏目形式进行归纳梳理，以展现当前我国讲座式科学普及工作的成效以及建设进展。

1. 中国科普博览平台 -《格致论道科学文化讲坛》

（1）栏目简介

《格致论道》，原称《SELF格致论道》，是中国科学院全力推出的科学文化讲坛，由中国科学院计算机网络信息中心和中国科学院科学传播局

---

① 胡蔚.［地评线］中安时评：创新科普形式提高国民科学素养养［EB/OL］，2021-06-23.

联合主办，中国科普博览承办。该栏目致力于非凡思想的跨界交流，提倡以"格物致知"的精神探讨科技、教育、生活、未来的发展。每月举办一期演讲活动，邀请来自科技、教育、文化、艺术等诸多领域的嘉宾分享思想和观点。不但注重科学思想的传播，更注重不同领域思想和交叉，力图营造多元、思辨的文化科学交流氛围。①

（2）栏目形式

为了让更多公众感受科学文化的魅力，自2014年创建至2023年，《格致论道》除举办北京主场演讲活动之外，针对不同地区、不同观众、不同演讲者，推出《格致论道+》《煮酒论道》《格致论道·未来少年》《格致校园》等系列活动。《格致论道+》秉承主场风格，落地全国各大城市和地区。截至2023年已经在北京、上海、广州、深圳、香港、成都、苏州、乌鲁木齐、丹东等地举办了近20场《格致论道+》演讲活动，覆盖全国上万观众。《煮酒论道》是《格致论道》旗下的王牌辩论节目，针对公众关注的热点话题，邀请专家进行现场辩论，引发公众广泛思考与讨论。《格致论道·未来少年》是专门为青少年演讲者举办的活动，该活动立足北京市海淀区，面向全国，择优选择12—18岁的优秀青少年登台演讲，分享他们在生活、学习、社会实践等方面的经历和心得体会，希望通过孩子们的分享，给全国更多青少年带来启迪和思考。《格致校园》是面向中小学推出的系列科学演讲，由中科院格致论道讲坛、中关村学区管理中心联合发起，内容偏知识性、科普性，目前已经在中关村地区的中小学校举办超过10场演讲活动。②

---

① 内容来源自中国科普博览官网。
② 内容来源自中国科普博览官网"格致论道简介"。

2. 中国科普博览平台 –《科学公开课》

（1）栏目简介

《科学公开课》由中国科学院科学传播局、中国科学院学部工作局和教育部基础教育司联合主办，中国科学院物理研究所承办，浙江教育出版社、中国科学院计算机网络信息中心、中国科学院大学提供支持。该栏目是中国科学院在"双减"背景下，从中小学学科外教育入手，以满足中小学生的科普需求、培养学生综合素质为宗旨，在寒暑假期间为青少年重点打造的一套网络科普课程，是纯公益、全开放的自由选学科学课。①

（2）栏目形式

在《科学公开课》中，科学家化身科学老师，以中小学生能理解、愿意听的方式，深入浅出地普及基础及前沿科学知识，传播科学思想，培养青少年的科学好奇心。《科学公开课》在内容上紧跟前沿科学进展，紧贴社会热点与生活实际，设置《绿色生活——化学是带来美好的科学》《缤纷世界——光与视觉的科学》《大地探秘——地球演化中的科学》《数与万物——数学的思想与应用》《空天翱翔——航空航天中的科技》共五个主题系列课程。从便利生活的塑料，到不可或缺的自来水，再到仿生超浸润界面化学；从五彩斑斓的光，到光和物质的相互作用，再到光的能量与信息；从我们脚下的矿石，到巍峨的青藏高原，再到数十亿年的地球演化；从神奇的拓扑，到守护安全的密码，再到飞行器里的数学；从超声速飞行器，到中国空间站，再到太空科学实验。多学科领域丰富的课程内容有助于青少年学生进一步拓展科学视野，激发科学兴趣，提升综合素质，为校本教学体系提供有益补充。

---

① 内容来源自中国科普博览官网"科学公开课简介"。

3. 中国物理学会－《科学 1 小时》

（1）栏目简介

《科学 1 小时》是中国物理学会科普工作委员会与北京师范大学科学教育研究院联合推出的科普品牌活动，旨在通过提供优质科普科教资源，为基础教育阶段科学教育助力，为学校科学教育赋能，为国家储备更多的创新型科技后备人才。[①]

（2）栏目形式

《科学 1 小时》系列科普活动之"大家说物理"——物理百科系列直播活动由中国物理学会科普工作委员会、北京师范大学科学教育研究院与抖音合作，以实验作为重点模块，为青少年学生带来形式新颖、内容丰富的课程体验，以打造更优质、青少年群体更喜闻乐见的物理课程。栏目通过用直播和短视频形式向网友分享有趣、有用的物理知识。《科学 1 小时》系列科普直播课吸引了 600 万人次观看，视频课程总播放量 1.3 亿。在为期两个月的活动中，中国科学院物理所向涛院士、曹则贤研究员、北京交通大学陈征副教授等物理学者，以及抖音物理科普创作者李永乐老师、"不刷题的吴姥姥"同济大学吴於人教授、"弦论世界"周思益博士等嘉宾纷纷做客《科学 1 小时》直播间，围绕物理模型与范式演变、牛顿力学、法拉第力线等知识点推出了 10 期科普课程，帮助青少年了解物理，提升科学素养。

4.《院士专家讲科学》

（1）栏目简介

《院士专家讲科学》是 2019 年由北京市科学技术协会主办、北京科学

---

① 内容来源自中国物理学会、北京师范大学科学教育研究院《科学 1 小时》官网。

中心等单位承办的科学传播品牌栏目。活动联动京津冀蒙共同开展，邀请中国科学院、中国工程院、高校及科研院所的院士、专家为公众带来不同学科、不同领域的科普讲座，旨在提升青少年科学素养，激发青少年科学兴趣，培养一批具有科学家潜质的青少年群体。①

（2）栏目形式

栏目结合青少年感兴趣的航空航天、生命科学、人工智能、量子科学等多个领域，邀请院士、专家进行精彩解读，以妙趣横生的科学故事、寓教于乐的互动体验，引发青少年的追问和探索。同时，为满足青少年需求，打破单一科普活动形式，活动构建了"数字化课程+校园行活动+主题出版物"的融合传播形式，为青少年提供全方位、立体化的科普知识，播撒下一颗颗热爱科学的种子。系列视频课程邀请科学专家担当课程主讲人，完成了不少于100课时的"院士专家讲科学"线上精品课程，提升青少年群体科学素养。校园行活动邀请刘嘉麒、申行运、焦维新、贾阳等共计12位各领域的院士、专家，深入北京市中小学校，积极推动科学思想方法进课堂。已经举办12场科普讲座，覆盖北京诸多学校，为近3000名学生和科技教师带来精彩的科普讲座。栏目自创办以来已邀请两院院士52人次、专家213人次，举办讲座、工作坊、进校园等各类活动265次，线上、线下累计覆盖超过1.3亿人次。②2019年活动获"首都未成年人思想道德创新案例"，2020年入选中国科学技术馆、北京市教育委员会等单位主办的"见字如面·对话未来"云端科学课，2021年出版的《遇见科学——院士专家讲科学》科普丛书成功入选第二届"书香科协"优秀图书。③

---

① 内容来源自北京市科学技术协会官网。

② 《院士专家讲科学》：推进全民科普 夯实人才根基［EB/OL］.知识就是力量.2023-03-06.

③ 《院士专家讲科学》系列丛书《遇见科学》入选2022年度优秀畅销书排行榜［EB/OL］.北京科学中心百度官方账号.2023-01-06.

5.《院士开课啦!》

（1）栏目介绍

《院士开课啦!》是中国青年报社联合中国科协科学技术传播中心、抖音共同推出的以科学家精神为主题的知识科普类栏目。截至2022年该栏目共刊播10期。

（2）栏目形式

栏目以科学家精神为主题，在中国青年报手机客户端及"学习强国"学习平台刊播，通过访谈的形式，与不同领域的院士对话，提供优质的科普内容，讲述知名科学家的科研故事，展现科学家的精神财富，带领大家走进科学和科学家的世界。在节目中，王福生、徐建国、潘永信、汪集旸、蔡荣根等院士陆续开讲。为什么说地球是一个"充热宝"？"天问一号"登上火星，背后有什么样的奇妙故事？食物色香味俱全的秘密是什么？怎样通过研究植物基因提高水稻的产量？还有微生物、黑洞、化石……更多令人着迷的科学问题，都在节目中得到生动、有趣的解答。随着媒体传播路径的迭代升级，科普的方式方法也面临转变。如今，可视化与短视频已成为大众传播的关键词，科普工作也要与时俱进，用公众喜闻乐见的方式深入开展。邀请院士与普通人在网络平台上"面对面"交流，配合丰富形象的视频素材，科普的受众能实现几何级数式的增长，栏目的传播范围和传播效果更加突出，对提升公众科学素养具有重大意义。

6.《乡约科普》栏目

（1）栏目简介

《乡约科普》是在福建省科协指导下，由福建省农村科普服务中心、福建教育电视台、福建省农村专业技术协会联合主办的惠农科普类电视专题栏目，是推动农村科普信息化建设的重要举措。栏目借助新媒体传播，旨在"乡约科普，提升科学素质；服务三农（农村、农业、农民），助力乡村振兴"。[①]

（2）栏目形式

《乡约科普》栏目以"农时服务三农，平时传播科普"为理念，在农忙季节邀请农业专家根据农时农事农活传授农技知识，在平时邀请医学、气象、海洋、地震、环境等领域专家学者，为公众普及健康生活、气候节气、公共卫生、防灾减灾、安全生产等科学知识，力求及时将丰富的科普知识和先进技术推广到大街小巷、田间地头。《乡约科普》栏目紧紧围绕茶叶、水产、花卉苗木、水果、林竹、畜禽、蔬菜、食用菌、乡村旅游、乡村物流等福建十大乡村特色产业，覆盖一二三产业特别是种植业、养殖业、加工业。栏目根据不同的特色产业，邀请省内外行家、专家、大家做客栏目访谈。被誉为"竹荪大王"的"土专家"高允旺，享受国务院政府特殊津贴、精通竹笋栽培技术的林业科技特派员杨旺利，长期专门从事蔬菜、水稻、果树、茶叶等栽培技术研究的省农科院专家薛珠政、姜照伟、蒋际谋、张文锦……各类乡土人才、专技人才、高尖人才齐聚一堂，各展所长，献计献策，对症指导，倾力为农民朋友复工复产、增收致富、脱贫攻坚传授科学实用技术和科普知识。栏目自2020年4月8日起每天中午在福建教育电视台播出，配合农时农事，适应农民作息，知识信息量大，更替周期适宜，内容深入浅出，画面形象生动，便于学习应用，受到福建省各级媒体广泛关注。《八闽快讯》《福建日报》、东南网、今日头条等媒体和平台都做了相关宣传报道。栏目多次上榜《学习强国》福建科普宣传专

---

① 服务"三农"福建开播《乡约科普》［EB/OL］.福建网络广播电视台，2020-04-09.

题，并得到中国科协表扬，被评为2021年全国科普日优秀活动。^①

7.《人民冰雪·冰雪科技谈》

（1）栏目简介

为全面贯彻党的十九大提出的"筹办好北京冬奥会、冬残奥会"的要求，落实《北京2022年冬奥会和冬残奥会筹办工作总体计划和任务分工方案》，加快推进"科技冬奥（2022）行动计划"，科技部联合北京市、河北省政府及北京冬奥组委，会同教育部、工业和信息化部、体育总局、中科院、气象局等部门成立"科技冬奥"领导小组和专家委员会，形成协同推进"科技冬奥"工作的合力，为跨部门协调"科技冬奥"全局性工作提供组织机构保障。

在科技部社会发展科技司与中国21世纪议程管理中心的联合指导下，人民网人民体育平台推出《人民冰雪·冰雪科技谈》科普融媒体节目，以"中国冰雪运动的科技创新之路"为主题，主要围绕国家重点研发计划"科技冬奥"重点专项的创新成果，从办赛、参赛、观赛、安全保障和综合示范五个维度，全面展现开展现代冰雪运动所必备的科技支撑力量，展示我国冰雪科技领域取得的令人瞩目的创新成果，普及最前沿的冰雪科技知识、记录"科技冬奥"的精彩，讲述中国冰雪运动发展和科技创新的新时代故事，留下有历史档案价值的"科技冬奥"全景式融媒体遗产。

（2）栏目形式

栏目自2022年1月25日开始播出，系列节目共25集，每集约8分钟。

---

① 林秀燕.《乡约科普》栏目在农村科技传播中的成效及其对策研究［J］.学会，2022（8）：61-64.

《人民冰雪·冰雪科技谈》科普融媒体栏目包括系列科普专题片、系列短视频、冰雪科技展、少儿冰雪科普读物等广受当下民众欢迎的融媒体产品。邀请相关冰雪科技领域的优秀代表参与制作，用先进的手法和贴近百姓的理念进行创作，留下"科技冬奥"全景式融媒体历史档案。在人民网全媒体矩阵（人民网PC端、人民网+客户端、人民网微博、人民网微信、人民网第三方平台的各种账号）、人民体育全媒体矩阵（人民体育微博、人民体育微信等账号）陆续播出的同时，还通过更多媒体包括CCTV奥林匹克频道、中国科协的"科普中国"融媒体矩阵（科普中国自有平台、合作电视台、合作有线电视台和IPTV、新媒体端），以及参与展播的各大媒体等近百家体育类、科技类、综合类媒体平台及相关新媒体同步播出。《人民冰雪·冰雪科技谈》以视频传播为主阵地。为了让《人民冰雪·冰雪科技谈》更有观众眼缘，让大众在冬奥炙手可热的媒体传播环境下有兴趣观看"科技冬奥"的视频内容，在摄制过程中，节目组和科技部相关单位成员联合作业，与各项目团队反复交流，把艰深难懂、高深莫测的科学术语尽量表述为既准确又通俗易懂的语言。节目还特意邀请项目负责人或主要课题负责人作为科普访谈嘉宾，让幕后的科技英雄们走进演播室发出时代强音，以此表达对中国科技工作者的崇高敬意。节目中配合嘉宾讲解穿插剪辑各项目方提供的珍贵视频素材，极大地提升了科普访谈视频的观赏性。特别是配合不同的项目主题，节目组邀请专业的虚拟视觉技术机构为嘉宾制作相关的精美虚拟动画背景，让科普访谈视频变得非常精美而有代入感、时代感，极大地提升了观众的观赏感受，让科普访谈视频既专业又生动有趣。

8.《科学咖啡馆》

（1）栏目简介

由中国科学院科学传播局、科技部人才与科普司支持，中国科学院物理研究所承办的《科学咖啡馆》在学术界享有盛誉，受到了科研工作者、科普工作者等的广泛欢迎。

（2）栏目形式

社会各界人士聚集一堂，一边喝着咖啡，一边听知名专家讲述专业科学知识，在聊天的过程中，常常迸发出关键的灵感。与专家进行自由讨论交流，对讲述者和参与者来说都是十分有趣的事，是进行科学传播的有效形式。2021年，贾阳、李成才、李永乐等做客《科学咖啡馆》，主讲相对论、火星车等内容，并与现场嘉宾进行了热烈讨论、深入交流。类似的科学沙龙开始在中国若干城市、科研机构、大学中流行起来，这是创新科学文化环境做出的新尝试，对鼓励创新、自由交流和分享创新成果、创意具有重要意义。在咖啡厅喝杯咖啡的工夫，不同研究方向的专家互相聊一聊，形成思想的碰撞，有可能为解决研究过程中的难题提供思路和方法。[1]

（二）采访式节目形式

采访式节目是一种以访问来引导内容的节目类型，通常由主持人与嘉宾或专家就某一主题，面对面进行交谈，具有话题广泛、双向交流、针对性强的特征。主持人作为采访式节目的核心，作为链接嘉宾和观众的纽带，必须具备一定的专业知识和表达技巧，语言表达标准、节目风格端正、自

---

① 中国科学院科学传播研究中心.中国科学传播报告（2022）［R］.北京：科学出版社，2022：176-177.

身素养和现场观众把控水平等都相应较高。融媒体时代，媒介技术的深刻变革带来的传播生态和传播场域的变化，使采访式节目在互联网传播特性的冲击下改变了以往的节目样态与文化样貌，也使主持人在角色和功能方面发生了巨大的转变。首先，主持人是多元信息的互动者。主持人作为科普采访式节目中至关重要的传播者，与受访者、场内观众、场外受众之间不断产生互动，也不断根据互动过程进行角色调整。其次，主持人是引导内容的控制者。主持人引导受访者进入角色，把控互动间的状态与情绪，控制谈话范围并树立角色规范。最后，主持人是流程仪式的构建者。主持人通过行为特征塑造，实现对媒体的主流意志、话语权威、节目风格、文本价值观等的输出。①除了传统的演播室内访谈，还可以将采访地点设置在访谈嘉宾工作地点或者咖啡馆、餐厅等开放式场所。其优势在于拉近与嘉宾距离的同时，从实质上改变了主客谈话场，一定程度模糊了主持人和嘉宾的界限。当嘉宾处在主场地位时，会对谈话产生掌控感，从而有更多的表达欲望，更容易展现出真实状态，针对问题做出的反应也更加自然。这种开放式的记录方式打破了电视节目与受众间长期存在的壁垒，消解了节目权威感的同时，也搭建了一种节目嘉宾与受众共同体验、共同交流的独特节目场景。②

　　本书选取当下我国较为典型的几个采访式科普栏目，对其进行简要介绍，并对栏目形式进行梳理，以展现当前我国采访式科普工作的成效以及建设进展。

①　向星华.融媒体视域下访谈节目主持人角色研究［D］.重庆：重庆大学，2020：9-11.
②　沈歆.融媒体时代访谈节目中的个性与创新———以《十三邀》为例［J］.传媒论坛，2022，5（1）：46-49.

1.《科技前沿大师谈》

（1）栏目简介

《科技前沿大师谈》是中国科协科普信息化建设工程的重要组成部分，是"科普中国"品牌下由中国科学技术协会主办、新华网股份有限公司承办的一档高端科普栏目，于2014年11月上线。栏目以采访科技前沿领域权威科学家为形式，以科技前沿成果为内容，以创新的表现手法和专业的制作为手段，通过社交媒体进行传播推广，有效到达目标受众，使公众真正了解并理解我国的科技发展现状，激发公众参与科技创新的热情。

（2）栏目形式特色

《科技前沿大师谈》频道以能源与资源、材料与制造、信息技术、智能制造、生物工程、人口健康、生态环境、空间与海洋、航空航天、重大基础前沿与交叉科学为主题，邀请国内外顶尖院士专家开展专题讲座和科普创作，编写制作有知有趣有用的科普视频、科普图文等。

当前《科技前沿大师谈》已成为"科普中国"品牌下的重要科普信息交流平台。2015年8月，全新改版的《科技前沿大师谈》官网，以"走近科学大师，感触科技前沿"为宗旨，由科技名家向科学爱好者讲授最前沿的科技新知，通过视频、文字、图片、互动等形式，让公众近距离感受当今中外科学界著名科学家和学术泰斗的风姿。《科技前沿大师谈》还积极开展线下活动，力求线上与线下相结合。2015年全年在河南、山西、江苏、浙江、安徽、湖北等地共举办了30场线下活动，邀请中国工程院院士、中国科学院院士及清华、中国科学技术大学等知名专家，与公众进行面对面沟通，畅谈我国科技发展，解读科技前沿话题。

2.《今日科学》

（1）栏目简介

《今日科学》是由江苏省科协主办、江苏省科学传播中心制作的一档周播电视科普栏目。其宗旨为"弘扬科学精神，普及科学知识"，内容为最新科学动态、科技发展前瞻、新兴产业介绍、科学家的研究内容及成果、科学家的人生经历、科学家对青少年成长的关心和建议、公众关注的热点科技事件等。节目每周日周一在江苏教育频道播出，每期时长15分钟。[1]

（2）栏目形式特色

《今日科学》坚持"弘扬科学精神，普及科学知识"的栏目宗旨，充分发挥播出平台主流媒体的"公信力强、传播力广、影响力大"优势。节目还在荔枝网络电视、学习强国、人民网江苏频道、江苏公众科技网、大苏网、科学传播在线网站和微信号等平台同步播出，受众达1900多万人次。[2]

3.《执牛耳者》

（1）栏目简介

《执牛耳者》是由上海市科学技术委员会和上海广播电视台联合出品，融媒体中心制作的移动式科学探访节目，于2022年8月20日在上海电视台新闻综合频道、看看新闻App上播出。

（2）栏目形式特色

为深入探讨科学话题和科学家的科研历程，节目打造了移动演播室，把访谈间搭建在科学家们的工作环境中，在对话中感受认知的升华。栏目主

---

① 内容来源自人民网"科普江苏"-《今日科学》官网。

② 内容来源自江苏省科学传播中心官网。

持人以探访者的身份，走进科学家的生活、工作场景，探访了13位科学家的独特科研场景，体验到各种全新技术为人们生活所带来的改变和影响，切身感受科技的进步与发展。通过更纯粹的零距离对话，更深入的第一线探访，普及尖端科研成果、科学知识，讲述科学家热爱与坚守的科学探索故事，挖掘科学家身上闪耀的科学精神和人性光芒，传递给更多人精神的力量。

4.《院士科普》

（1）栏目简介

《院士科普》是由好看视频与中国青年报联合出品的一档知识科普类栏目。栏目旨在进一步弘扬科学家精神，打造当代"科技明星"，加强科普工作，营造崇尚创新氛围，激发人民群众对科学技术的兴趣，引领强化年青一代科技报国的责任担当。栏目邀请了欧阳自远、谭天伟、张福锁、高福、欧阳钟灿5位两院院士，将每位院士的研究领域与时下热点相结合，同时解答网友关心的问题，共播出五期。

（2）栏目形式特色

栏目采用问题征集、短视频挑战赛、科普作者互动等方式，通过与院士进行对话，拍摄院士工作生活的场景，讲述院士的奋斗故事及以院士为代表的知名科学家科研起点上的故事，生产优质的视频内容，营造向科学家学习、传递科学家精神的浓厚氛围，引发全网对科学家精神的热议。节目中，5位院士就他们各自的研究领域和时下相关热点话题进行科普，对节目组征集到的问题给予回应，并与科普作者互动。中国青年报社相关工作人员表示，科学家为人类社会做出了重要贡献，这种探索精神值得学习。推出这档知识科学栏目就是希望能用视频的形式来激发大家对科学技术的兴趣，带领大家走入科学和科学家们的世界，弘扬科学家精神。《院士科普》栏目带动了大批科普创作者生产优质内容。"好看视频博士团"成员在栏目中出镜助力，针对院士分享的内容，从不同视角进行延伸，丰富内容角度，激发短视频的正向社会价值。

5.《科学文化沙龙》

（1）栏目简介

《科学文化沙龙》于2021年6月17日晚在中国科学技术大学开启。《科学文化沙龙》旨在为各界人士搭建一个科学文化的高端交流平台，鼓励介绍、推介国内外科学文化新思想、新动态、新理论、新方式等，为促进科学文化传播与交流提供了全新的空间。其定位是高端的科学思想交流平台。栏目定期邀请各领域代表性专家就科学前沿探索、科学文化价值、医学与生命等融合与发展展开讨论，力图建设成为特色鲜明、指向清晰的品牌活动。

（2）栏目形式特色

2021年6月17日晚，中国科学技术大学常务副校长、中国科学院院士潘建伟教授以《新量子革命》为题，做了第一场报告，与近40位跨研究领域的专家学者展开了开放研讨，重点介绍了中国在量子科学研究中的重要成果，对量子计算、量子通信和量子精密测量的未来发展做了展望。2021年9月28日，中国科学技术大学校长包信和院士主讲了"碳中和"主题，安徽省省长王清宪专程参加了《科学文化沙龙》活动，并参与了交流讨论活动。2021年11月，蔚来控股有限公司创始人、董事长李斌以"智能电动汽车行业发展的机遇与挑战"为主题发表演讲。[1]

---

[1]　中国科学院科学传播研究中心.中国科学传播报告（2022）［R］.北京：科学出版社，
2022：177-178.

6.《FM十万个为什么》

（1）栏目简介

《FM十万个为什么》是由上海人民广播电台与上海市科协联手打造的专题科普节目，2017年3月1日正式在上海新闻广播FM93.4平台播出。该节目于2018年起在美国中文电台定期播出，因而也成为对外宣传的重要窗口。栏目内容以热点科学新闻事件的传播和阐释为基本内容框架，以普及科学知识、推进"有全球影响力的科创中心"建设为思想性追求，以立足上海、辐射长三角为传播范围。节目目前已成为世界顶尖科学家论坛的媒体合作平台。节目依托中科院、高校、各大科普场馆等强大的科学家团队，打造国内广电行业为数不多的新闻类科普节目。节目组先后策划过对话院士、解读诺奖、科技进博等系列节目，科学和创新含量高。近年来，在优质广播节目的基础上，团队创新多种新媒体表达方式，聚力打造短音、视频产品《问不倒TV》《科学魔方旭崇说》等，进一步扩大了优质科普内容在互联网的传播力。2020年全年触达人群247万+，日均触达人数31万+，平均收听率维持在1%以上，市场到达率近20%，市场占有率15%左右，均位居新闻广播第一梯队。全网视频播放量300万+、短音频专辑播放量130万+，融合传播效果明显。

（2）栏目形式特色

首先，导向明确，主流新闻意识较强。党中央提出要坚持创新在我国现代化建设全局中的核心地位，把科技自立自强作为国家发展的战略支撑。特别是习近平总书记要求把上海建成"具有全球影响力的科技创新中心"。栏目体现了主流媒体的舆论引导意识，并不断提升着引导能力。《FM十万个为什么》作为一档全媒体科学类新闻专题节目，积极加强科技报道、开展科学评论、做好科普工作，为营造崇尚科学创新的浓厚氛围、提升上海科创全球影响力发出属于广播的时代声音。

其次，栏目表达方式丰富多彩，融媒体特色显著。在保证科学解读权威性的同时，节目组用跨学科圆桌讨论、人工智能播报、科普短音频、短视频等多矩阵传播，将有难度的学术语言转化为广大人民群众喜闻乐见的话语形式，同时着力展现科技创新在生产生活中的应用以及"新、奇、乐"等方面的独特魅力，提高人民群众对科技的兴趣，营造全民爱科学、学科学、谈论科学的良好氛围。作为一档以新闻热点为基本素材的专业科学解读节目，每天一小时传播热点科技新闻、普及实用科学知识。传播到达力、传播效果比较强烈。

最后，创新多种新媒体表达方式，进一步扩大了优质科普内容在互联网的传播力。节目以机器人主播"科科"3分钟"科学期刊速报"开场，以"科研资讯"的形式让公众了解科学领域最前沿的突破。主体部分话题约40分钟，从社会热点中寻找科普角度，突出"跨学科"理念，邀请不同领域的专家就同一个话题从各自专业出发展开讨论。在跨学科碰撞中，听众不仅可以汲取多个领域的科学知识，还可以将这些知识相互串联，形成一张知识网络。此外，节目还设有"万问万答"版块，选取听众的提问，连线相关专家进行解答。"嘿哈辟谣站"则以趣味广播剧场的形式，终结身边的各种谣言。同时节目还通过线下活动、短音频、短视频的形式，力求达到科学传播的最佳效果，激发公众讲科学、爱科学、学科学、用科学的热情。[①]

7.《从地球出发》

（1）栏目简介

《从地球出发》是由国家广播电视总局指导，江苏卫视、爱奇艺、抖音

---

① 龙敏. 主流媒体在突发公共事件下"应急科普"的新探索——以上海人民广播电台《FM十万个为什么》新冠肺炎防疫专题节目为例［J］. 上海广播电视研究，2020（2）：135-138.

联合出品的国内首档天文科幻科普节目，于2019年12月20日在江苏卫视首播。节目首创"科幻剧+科学说"的综艺表现形式，引入电影团队、科幻大咖、科普达人合力加盟，精心呈现若干段引人入胜的科幻大剧。节目将演播厅构建成一艘穿梭时空的宇宙飞船，观众跟随明星嘉宾代表在飞船中沉浸式目击科幻故事的跌宕起伏。借助飞船演播厅里的虚拟再现、创意实验、科学脱口秀等手段，开启一段奇妙的宇宙探索之旅。

（2）栏目形式

2019年开年，《流浪地球》打开了中国"科幻元年"的大门，中国科幻进入了一个新的发展阶段。在这个背景下，国家广播电视总局亲自策划并直接推动《从地球出发》，并对《从地球出发》的主题提出了明确要求：倡导科学理念，传播科学知识。在策划《从地球出发》时，江苏卫视基于长期沉淀的制作经验和专业扎实的制作团队，学习了国内外优秀节目和电影制作的先进经验，在节目模式上进行了大胆创新，突出科技感和现代性，首度尝试把科幻剧和脱口秀相结合，努力把《从地球出发》打造为高品质的标杆性节目，更好地履行主流媒体责任。

《从地球出发》分为"科幻剧"和"科学说"两部分。"科幻剧"部分采取剧情化的操作方式，推出"综艺季播剧"的概念，将科普内容融入科幻剧，每期讲述一个相对独立的故事，由众多实力派演员出演。叙事紧凑而充满悬念，内容紧扣现实生活，引发观众共鸣。"科学说"环节邀请明星嘉宾、意见领袖、科普达人、科幻作家展开脱口秀，共同破解天文知识奥秘，将之可视化、通俗化、趣味化。节目还力邀知名科幻作家打造精彩原创故事，《科幻世界》杂志提供海量IP矩阵，用"中式科幻"串联起"知识大秀"，用最新电视技术手段打造电影级视觉效果。

三、数字平台科普栏目案例分析

（一）代表性案例探究分析

本书选取惠农科普类电视专题栏目《乡约科普》、体育全景式融媒体栏目《人民冰雪·冰雪科技谈》、健康类短视频栏目《够科普》、电视科普栏目《今日科学》、主流媒体科普专题节目《FM十万个为什么》等具有典型代表的科普栏目案例，对其科学普及的模式和成效进行深入探究与分析，以期为我国相关领域科学普及工作的建设和推进提供经验借鉴。

1.《乡约科普》

（1）坚持需求和问题导向，牢牢把握农民诉求

《乡约科普》根据"乡约科普，提升科学素质；服务三农，助力乡村振兴"的栏目定位，坚持需求和问题导向，紧扣国家乡村振兴战略、福建农业农村现代发展重大需求，以及农民农业发展中的实际需求，围绕福建乡村十大千亿特色产业，采用"农—科—教"三方协作，邀请各省级学会（协会、研究会）、福建省农业科学院、福建农林大学、福建省淡水产研究所等单位科研工作者，或做客演播厅，或走村入户、深入田间地头，通过展示福建茶叶、蔬菜、水果、畜禽、水产、林竹、花卉苗木等7个全产业链产值超千亿元的优势特色产业种植培育概况及智慧农业大棚、优良瓜果蔬菜等先进栽培技术和品种，为福建发展特色农作物、食（药）用菌、特色

园艺（林）植物、特色林木等提供技术支持。①栏目旨在有效地解决农业缺科技、科技缺教育、教育缺手段的问题，让农业技术辅导更有针对性，让农业技能教学更有时效性，真正实现农业的数字化发展。②

（2）精准推送农技知识，提升农民科学素质

栏目联系福建省农科院、福建农林大学、福建省农学会等科研院所、学会（协会）的农技专家分期分批开展农技培训，邀请多位权威农业专家讲述了水稻、竹笋、茶叶、蔬菜、水果等的栽培技术。在推广农业"五新"技术、普及科学实用知识的同时，栏目还因时因势因需传播防疫科普、健康科普、节日节气科普等与农民生活息息相关的主题科普，提高劳动者科学文化素质、科技致富能力、健康生活素养，服务乡村振兴和全民科学素质提升，力求以科技服务与知识传播的方式引导农民创业增收致富，以保障服务与科普宣传为抓手助力乡村振兴，让农业科技走进田间地头，让科学知识渗入百姓生活，让更多农民了解政策导向，让科普教育丰富农家生活。栏目视频借力"互联网＋"新媒体宣传平台，探索以农民为重点宣传群体，通过多平台、多方式、多联动的渠道和形式推广福建先进农业栽培技术，满足不同年龄、不同学历群体的阅读需求，让更多农民朋友对新品种、新技术产生浓厚兴趣，推动新农技术在农村落地应用。专家授课之后，留下联系方式并建立互动网络，构建了科技传播与技术辅导平台，促进了科技与农业结合，促进了专家与农民联系，打破了原本科技资源与受众主体相

① 福建省人民政府关于加快农业七大优势特色产业发展的意见(闽政〔2017〕31号)〔Z〕，2017.

② 林秀燕．整合创新农村科普传播方式的对策思考——以《乡约科普》电视栏目为例〔J〕．新时代科普使命与担当——科普中国智库论坛暨第二十八届全国科普理论研讨会，中国会议，2021（11）：124-131，550.

互隔离的格局。[①]

（3）多级媒体共同传播，织密农村科普传播网

《乡约科普》栏目自2020年4月开播以来得到福建省各大媒体广泛关注，八闽快讯、福建日报、东南网、今日头条、机关党建网等10余家媒体和平台都做了相关宣传报道。其中"木棉花开忆英雄崇高精神永铭心"节目、摄制组到松溪甘蔗科技小院取景等在学习强国平台做了相关报道。"福建科普""福建教育电视台"等41家微信公众号推送栏目视频。南平一套台、莆田一套台等10余家当地电视台定期播放。福建各地市（县、区）科协或通过官方平台或依托微信公众平台、订阅号或联合当地媒体定期推送栏目视频。全省科普e站、科普大屏也实时将每期视频推送到终端。福建省近5万名科普信息员随时接收、转发。通过多渠道、多平台的媒体覆盖，解决了农民朋友农业信息获取难、获取不及时等问题，提升了农村科普公共服务能力，大大减少了农民获取农业信息的成本，有效推进农村科普传播工作，为推动福建省全民科学素质提升发挥了重要作用。[②]

2.《人民冰雪·冰雪科技谈》

在北京冬奥会的宣传报道中，人民网人民体育推出的大型科普融媒体节目《人民冰雪·冰雪科技谈》，聚焦"冰雪运动科技"，积极响应媒体融合要求，打通"网、端、微、报刊、书籍"等各种资源，打造各种融媒体产品形态，取得良好的社会效益。该节目是中国体育传播领域开拓性的创举，成功拓展了体育传播领域的边界，实现了"体育传播"与"科技传播"

---

① 林秀燕.《乡约科普》栏目在农村科技传播中的成效及其对策研究［J］.学会，2022（8）：61-64.

② 林秀燕.整合创新农村科普传播方式的对策思考——以《乡约科普》电视栏目为例［J］.新时代科普使命与担当——科普中国智库论坛暨第二十八届全国科普理论研讨会，中国会议，2021（11）：124-131，550.

的成功跨界，成为"信息一次采集、多种生成、多元传播"的融媒体典型案例。本书结合该栏目与融媒体深度融合的实践探索，从栏目办赛系列访谈、参赛系列访谈、观赛系列访谈、安全保障系列访谈和综合示范系列访谈五个节目维度进行经验总结和模式分析，为我国体育类科普栏目的融合创新发展提供借鉴。

（1）"办赛系列访谈"聚焦冬奥场馆

"办赛系列访谈"包含了本次冬奥会的各大明星场馆以及冬奥飞扬火炬热点项目，备受关注。在访谈节目中，节目强化了不同冰雪运动竞赛场馆及冬奥火炬各个项目的特殊性，以及在实现过程中戏剧性的挑战和在先进科技支撑下的解决方案，展示中国科技工作者如何从设计理念、技术工艺、材料选取、施工技法等多方面实现创新和突破。特别是在访谈节目中采用了北京冬奥会场馆建设施工过程中关键环节的罕见珍贵视频，很好地借助北京冬奥会前后各个场馆成为媒体传播热点的时机，抓住了大量观众的"眼球"。[①]

（2）"参赛系列访谈"突出从"0"到"1"

在国外品牌占据了高端冬季运动装备大部分市场份额的现状下，如何攻坚克难，实现我国在高端冬季运动装备方面的技术突破，开启高端冬季运动装备从"0"到"1"的国产化道路，就成为"办赛系列访谈"的主题。栏目将冬季运动装备与运动的密切关系与冬季运动竞赛知识讲解相结合，讲解了中国科学家是如何突破冬季运动装备的技术难点，特别是突出展示了中国科学家将航空航天级材料碳纤维以及高科技装备——风洞用于国产

---

① 朱凯，彭元元，王巍. 用融媒体力量传播"科技冬奥"的精彩——人民网人民体育大型科普节目《人民冰雪·冰雪科技谈》实践探析［J］. 新闻战线，2022（6）：58−62.

冬季运动装备的研发，引起了观众的强烈兴趣。①

（3）"观赛系列访谈"着眼感官体验

受限于观赛环境及应急防控管理等原因，许多观众不能亲临现场观看北京冬奥冰雪赛事。加上冰雪运动本身的高速、超高空展示视角等特殊要求，如何让观众不到现场就能有"身临其境"的观赛体验成为该系列访谈栏目面临的重大问题。在"观赛系列访谈"中，栏目邀请了北京大学前沿计算研究中心执行主任陈宝权，阐释了在5G环境中的自由交互式技术如何让人身临其境地享受一台专属自己的赛事转播，实现"想怎么看，我说了算"的炫酷场景。中央广播电视总台高级工程师马悦为大家揭秘"科技冬奥"如何实现"8K看奥运"，超高清8K数字转播技术应用到本届奥运会转播中，给观众带来一场视觉盛宴。

（4）"安全保障系列访谈"强调冰雪特点

医疗保障是奥运公共安全的重要组成部分，对北京2022年冬奥会的成功举办具有重要支撑作用。我国冰雪运动的蓬勃发展，对冬季项目运动创伤防治和临床诊疗安全保障技术研究应用提出了更高的要求。在"安全保障系列访谈"中，栏目邀请北京大学第三医院运动医学科、北京大学口腔医学院口腔颌面外科、解放军总医院第一医学中心急诊科、北京天坛医院神经外科的医生，为大家介绍如何围绕冬奥会及冰雪运动的安全保障特点及需求，利用5G、AI、云计算、物联网等高新科技，通过冬季运动创伤防治技术攻关，打造集综合预防、移动诊疗平台开发、诊疗流程建立、人员队伍建设为一体的防治体系，为冰雪运动保驾护航。节目突出了冰雪运动中

---

① 朱凯，彭元元，王巍. 用融媒体力量传播"科技冬奥"的精彩——人民网人民体育大型科普节目《人民冰雪·冰雪科技谈》实践探析［J］. 新闻战线，2022（6）：58-62.

各种可能出现的医疗救治场景以及各种高科技解决方案，加上栏目方提供的各种炫酷的高新技术条件下实施高效医疗救治的视频素材，很好地解决了"医学科普如何才能好看"的难点，成功化解了冬季运动医疗安全保障技术的社会关注度相对较弱的局面。[①]

（5）"综合示范系列访谈"关注绿色智慧

"综合示范系列访谈"的最大难点就在于科技内容非常前沿，知识领域跨度大，观众理解门槛很高。但是机会点在于，该系列中的相关科技都是国际科学技术领域中的重量级栏目。栏目借助"绿色"与"智慧"是目前国际社会关注的科技发展热点话题的国际背景形势，将如何利用"科技"实现北京奥运会的"绿色"与"智慧"作为该系列访谈的重点关注方向，非常好地吸引了社会的关注度，起到了良好的传播效果。

3.《够科普》

央视网"快看"平台创办的健康类短视频栏目《够科普》在内容生产与融合传播上顺应媒介融合趋势，实现"破圈"传播。2020年1月，中央广播电视总台央视网"快看"短视频平台的健康类短视频栏目《够科普》开播。截至2022年3月1日，以《够科普》为词条的微博话题阅读量达1.4亿次，讨论量共计12.3万次，短视频多次登上热搜榜，实现了较为可观的传播量级。作为一个健康类短视频品牌，《够科普》为主流媒体推动建设"健康中国"、实现"全民健康"提供了新典范。以下主要对其内容生产与融合传播路径进行总结分析。

---

① 朱凯，彭元元，王巍. 用融媒体力量传播"科技冬奥"的精彩——人民网人民体育大型科普节目《人民冰雪·冰雪科技谈》实践探析［J］. 新闻战线，2022（6）：58-62.

（1）内容生产策略

在内容生产上，《够科普》将医疗领域的专家学者作为把关人，以热点事件、特定时间点和日常生活等普及性话题作为立足点，借由网感化话语形态、第二人称叙事手法和立体模态符号等方式构建互动式语境，获得了网络受众的广泛关注和互动反馈。

一是信源把关——权威专家确保公信力。为了严谨周密地把好内容生产关，《够科普》栏目选择大医院、科研院所的专家学者作为信源，以确保传播内容的科学性和权威性。

二是话题来源——"普及性"打造立足点。《够科普》栏目在确保话题"科学性"的前提下，立足内容"普及性"，栏目内容具有两大特征：一是注重特定时间的时效。《够科普》栏目的选题还关注健康类节日点，以抓取视频内容的时效性。如8月20日是世界蚊子日，2020年与2021年，栏目均在当天推出相关话题视频，以"花露水使用宝典"和"蚊子喜欢叮O型血是谣言"为话题切入点，打造系列视频，充分调动了受众的兴趣点，并激发受众与账号之间的互动。二是回归生活日常的普适性。栏目并未一味追求流量，而是回归科普的本质，将受众的现实生活需求和常见健康问题纳入选题范围，创制了占比约四成的生活贴士类与疾病科普类视频，使得视频的生活温度和科普深度融为一体，有效发挥主流媒体的健康知识普及功能。如生活贴士类短视频"护肤品用得越多越勤皮肤或越差"解答当代人普遍关心的护肤问题，紧密贴合普通民众的日常生活需求，实用性强，相关词条登上微博热搜，实现了较高的关注度与互动量。

三是语境搭建——多种手段促成受众认同。《够科普》栏目对话语形态、叙事手法和模态符号进行针对性创新，以此搭建能得到受众认同的互动语境，提升关注度。《够科普》栏目打破了主流媒体语态上严肃客观的刻板印象，在语言表达上呈现出网感化特征，调动受众的情绪感受。如在一部关于"全民爱发日"的护发科普视频中，开头一句"五个字讲一个最短的鬼故事：你掉头发了"就巧妙使用网络受众惯用的表达句式，将受众面对脱发问题的无奈和恐惧情绪精准捕捉，深入人心。视频中出现的"赶紧的""等嘛呢"等通俗化、娱乐化的语言无缝对接了受众在网络讨论时的语言使用习惯，促使受众在熟悉的语境下接受视频传达的观点。《够科普》栏目还采用了立体化的模态符号。为更好地满足新媒体语境下受众对于信息的多样化需求，《够科普》将文字、图像、声音、色彩等模态符号进行融合建构，充分应用在界面设置和画面内容上，不仅加强短视频的可读性、可听性和可看性，也有效提升了短视频的传播效率。在界面设置方面，占比近半（47%）的竖屏类视频通过建构多模态符号，进行内容的立体视觉呈现。此类视频上部分以《够科普》文字作为引导，促使受众了解账号身份及话题指向；中间部分则是将短视频进行展示，同时结合字幕特效实时对应视频所述内容；下部分主要呈现央视网的台标图像，借以说明视频的播放平台及来源。在画面内容方面，基于短视频的传播特征，栏目巧妙利用视频、图片、动画、配乐、字幕特效等音画符号，实现了科普知识的多维呈现。①

（2）主流媒体健康类短视频的融合传播路径

在传播路径上，《够科普》栏目基于媒介融合理念，通过对中央广播电视总台电视节目优质内容的整合打造短视频，并将其分众化投放到全媒体矩阵中，最后借助共情联结引发受众反馈，由此收获了长周期、广范围和深影响的传播力。

一是台网互动延长传播周期。在媒体融合语境中，栏目通过对台网资源的整合互动，将"台"的优质内容进行"网"这一新兴形式的二次创

---

① 张恪忞，王梦园. 主流媒体健康类短视频内容生产与融合传播研究——以央视网"够科普"栏目为例［J］. 电视研究，2022（7）：45-48.

作，借助台网之间的跨界融合，赋予视频内容更长效的传播周期。《够科普》栏目依托台网资源整合、内容相融的路径，淡化了电视节目的传统色彩，增强了网络短视频的亲和力，能够打破传统媒体和新兴媒体之间的隔阂，最终在跨屏传播中实现网络与电视受众的互补耦合，促使原创内容的二次发酵与传播，延长视频传播周期，使影响力更加深远广泛。

二是全媒矩阵推动流量裂变。《够科普》将央视网作为首发平台，同时基于微信视频号、微博、哔哩哔哩、腾讯视频、头条号、百家号等视频矩阵平台的央视网官方账号，发散式、有针对性地进行内容投放与多渠道传播，进而实现多平台联动，推动流量的裂变，提升短视频影响力。

三是共情传播提升互动反馈。作为具有官方性质的主流媒体栏目，《够科普》不仅注重客观性与权威性，还观照社会生态，通过搭建情感交流的场域，推动受众自发地转发、点赞和评论，以高度反馈促进视频的二次传播。[①]

4.《科技前沿大师谈》

本书从栏目特色、传播渠道、传播内容和专家团队的建设情况等维度对《科技前沿大师谈》的科学普及模式进行分析总结，以期为高端科学普及栏目打造提供借鉴。

（1）栏目特色

中国科协与新华网合力打造高端科普栏目，走访中外科技名家与学术泰斗。两院院士及众多科技名家参与，彰显专家智库话语权威。专家团队审核确定选题，涵盖能源与资源、信息网络、人口健康、空间与海洋、材料与制造、重大基础前沿与交叉学科、生态环境、生物工程等八大科技领域。

① 张恪忞，王梦园．主流媒体健康类短视频内容生产与融合传播研究——以央视网"够科普"栏目为例［J］．电视研究，2022（7）：45-48．

全媒体形式创新展现科技新知，让高精尖的科技知识喜闻乐见。[①]

（2）传播渠道

栏目官方网页整体以视频内容为主，对精品及重点视频进行主要呈现，对当前时事热点以及专题页面进行推送。在PC端频道运营的同时，《科技前沿大师谈》在移动端进行内容共享与传播，进一步开通了《科技前沿大师谈》微信公众订阅号、新华炫闻（新华网手机客户端）专区、科普炫闻App。同时，新华网对科普资源进行整合，不断生产出丰富的科普视频、微视频、动漫FLASH、科普图文、科普图表、仿真虚拟现实、数据新闻、H5等内容，促进科普影视形式的创新发展，丰富新媒体科普影视资源。在制作常规形态产品的同时，加强科普表达形式的创新，逐步形成涵盖面广、形式丰富的科普全媒体系列产品。

（3）坚持"内容为王"

在内容生产方面，栏目对科普内容创新表达形式进行了不断探索。充分利用多媒体元素，让受众轻松地接受科普内容。新华网目前研发的"动新闻""时空新闻""听科普"等传播形式，有效利用数字、视听等技术，为受众提供了视觉、听觉的感受，增强了科普内容趣味性，便于公众利用碎片化的时间进行科普内容的学习。坚持"内容为王"，建立专家审核、公众建议、互联网纠错结合的科学传播内容审查机制与实施流程，加强对上传和传播科普内容的审核，强化科普传播内容的科学性和权威性。在开展栏目内容制作的同时，确保传播渠道的正规性，避免发生版权纠纷与利益冲突。[②]

① 葛璟璐. 融媒体驱动科普栏目创新实探——以《诗词里的科学》为例［J］.新闻文化建设，2021（10）：48-49.
② 葛璟璐. 融媒体驱动科普栏目创新实探——以《诗词里的科学》为例［J］.新闻文化建设，2021（10）：48-49.

（4）专家团队

目前，《科技前沿大师谈》已邀请近3年自然科学和工程科学领域的诺奖、国内国际科技进步奖获得者、两院院士50人进行访谈并制作视频，并邀请专家加入《科技前沿大师谈》专家委员会。委员会分为常设专家团队与外延专家团队。常设专家团队由5—6名成员组成，主要由中国科协、中国工程院、中国科学院、各地学会、新华网及视频制作专家担任；外延专家团队由15—20名成员组成，主要由八大科技前沿领域的杰出代表及有一定影响力的院士、学者担任。同时积极动员社会力量，邀请各行业各领域的科技前沿专家参与《科技前沿大师谈》，如杨元喜、布莱恩·施密特、郭光灿、陈子元、褚君浩、陈君石（排名不分先后）等国内外知名专家学者。

5.《今日科学》

本书结合《今日科学》栏目的实践和探索，从紧扣党和国家科普工作中心、凸显科学准确、坚持守正创新等方面对科学普及的模式和经验进行总结分析，为电视科普节目高质量发展提供借鉴。

（1）紧扣党和国家科普工作中心

科普工作的最终目标是促进经济社会健康发展。紧扣党和国家工作中心和着力点，是科普工作围绕中心、服务大局的体现。只有如此，才能更好地发挥科学普及的价值引领功能。栏目围绕党和国家科普工作进行选题策划，坚持用科学思想、科学立场来阐述党和政府的决策部署，为推动党和国家科普事业的开展提供科学助力。

《中华人民共和国国民经济和社会发展第十四个五年规划和2035年远景目标纲要》明确提出"二氧化碳排放力争2030年前达到峰值，努力争取2060年前实现碳中和"等目标。2021年的全国"两会"也把"做好碳达峰、碳中和工作"作为年度重点任务之一。"碳达峰""碳中和"究竟是怎么一回事，为何要耗时40年？面对这些疑问，栏目邀请东南大学能源与环境学院院长肖睿教授录制了"碳达峰、碳中和，你准备好了吗？""碳中和的前景与挑战"两期节目，在权威解读国家政策的同时，也为广大观众答疑解惑，进行科学普及。2021年3月1日起我国第一部流域法律《中华人民共和国长江保护法》（以下简称《长江保护法》）正式施行。栏目及时策划了年度重点制作栏目——"长江大保护系列访谈"，共分四期，从环境科学、历史科学以及文化、法律、经济等角度探讨关于长江大保护的问题，助力《长江保护法》普及实施。①

（2）凸显权威准确

权威专业，准确可靠，尊重科学事实，是科学普及工作的基本前提。策划制作科普节目必须在权威性、专业性、准确性上下大功夫，花大力气。《今日科学》栏目从"嘉宾权威""审核严格""团队严谨"三个维度来保证节目内容的权威准确。

栏目制作团队依托江苏省科协全方位服务全省科技工作者的优势，构建了权威专家嘉宾库。在涉及人民群众普遍关注的热点话题、重大事件的节目中，制作团队以访谈嘉宾的权威性来保障节目内容权威准确性。自栏目开播至2023年，已有贲德、张建云、缪昌文等多位院士走进节目演播室接受访谈。在"审核严格"方面，经过数年探索，栏目构建了较为完善的内容审核机制，对节目画面、语言、字幕以及节目中出现的数据、图表等多方面细节进行反复核实，多方比对，力求每一档节目都能做到事实准确、概念准确、数字准确、表述准确。栏目通过严格的内容审核制度来培养制作团队严谨细致、认真踏实的工作作风和极致化做事的工作态度，并着力

---

① 兰勤.发挥科普节目价值引领功能［J］.视听界，2022（6）：103-105.

提升制片人、编导、主持人等制作团队成员的科学素养和专业素质。[①]

（3）坚持守正创新

新形势下，网络媒体快速迭代，传播格局不断更新。科普节目亟须通过创新来适应新的传播形势，发挥价值引领功能。《今日科学》坚持节目形态创新和传播渠道创新两条腿走路，不断提升传播效果。在节目形态创新中，《今日科学》改变原有的专家演讲、演播室访谈等传统节目录制样式，根据节目内容需要把演播室搬到科研院所试验室、科技企业生产车间、科普惠农田间地头。2022年9月22日，《今日科学》把演播室搬到南京中山植物园，以主持人和嘉宾边走边谈的行进式录制方式，以"秋分"为切入点，向观众介绍中国传统二十四节气中所蕴藏的天文学、生物学知识，播出后受到观众好评。在传播渠道创新中，《今日科学》先后拓展了荔枝新闻、学习强国、人民网江苏频道、科普江苏、江苏省科学传播在线、江苏公众科技网、腾讯企鹅号等新媒体传播渠道，扩大传播效应，提升传播效果。

（二）其他案例探究分析

本书选取国内首档天文科幻科普节目《从地球出发》、人文类科普栏目《诗词里的科学》为例，对科学普及的模式和成效进行深入探究与分析，以期为我国相关领域科学普及工作的建设和推进提供经验借鉴。

1.《从地球出发》

2019年电影《流浪地球》的上映，为中国迈入"科幻元年"奠定了良好的基础。随之推出的《从地球出发》节目被《人民日报》评价为一档包含有硬科技支撑、有科学含量的节目，对提高公众尤其是广大青少年的科学探索兴趣和创新意识具有积极作用。以下对江苏卫视推出的国内首档大

---

① 兰勤.发挥科普节目价值引领功能［J］.视听界，2022（6）：103－105.

型科幻科普综艺节目《从地球出发》的节目形式进行总结分析。

（1）启用科幻剧，开拓内容创新范式

节目组广泛借助了科幻领域最权威的专家资源来进行支撑，节目顾问专家团队包含作家刘慈欣和权威科幻杂志社《科幻世界》的作家群。为了消除高冷天文知识与公众之间的"隔阂感"，节目组选取了切合人类生存意义的主题如火星生存、彗星撞击、月球和地球关系、太阳风暴等，选取观众最感兴趣的外星人、时间穿越等话题，还有紧扣时事天文事件如"黑洞照片发布"等。节目创新性地采用从"科幻剧"进入的模式，每一期节目都是一部独立的"科幻剧"，不仅与科幻主题相关，而且与观众的现实生活也存在一定的联结，每个故事情节跌宕，节奏紧凑，能够吸引观众注意力。节目制作十分重视情节的合理性，通过公众感兴趣、容易理解的方式吸引观众进入科学世界中。如节目从科幻的视角勾勒出未来世界的模样，指挥中心、外太空以及各种仪器设备，都极具科技感，这些对于未来的想象让观众大呼"神秘"。①

（2）科幻剧＋科学说，多维度传递科学知识

与传统的科幻题材相比，《从地球出发》在为观众展示绮丽多姿的视觉画面的同时，也将科普知识潜移默化地传递给观众。这种寓教于乐的方式往往比枯燥的说教能够取得更好的效果。

节目邀请多位天文、物理、科幻等领域的专家负责每集故事里世界观的架构、梗概和专业性上的把关。在节目"科学说"环节中，嘉宾们就月相、嫦娥工程、虫洞、平行宇宙、黑洞等核心要点进行解读。另外，节目组还邀请不同领域的嘉宾加入，使节目中的科学知识能够有趣、接地气、看得懂。

节目将科学和知识作为标签，通过问答、微综艺等环节丰富节目形式，

---

① 赵倩. 谈国内科普类节目的创新与发展——国内首档天文科幻科普节目《从地球出发》的诞生［J］. 新闻传播，2020（17）：98-99.

增加节目内涵，通过多维度的呈现和表达方式，让观众对科学科幻有了全方位的了解。同时，节目不仅在天马行空的想象中铆入科学知识，也在传播的创新上向前迈了一步。节目举行并发布了"瓢虫一号"卫星闪烁活动，以卫星间断性闪烁为摩斯密码的形式绘制了一幅天文景观。[①]

（3）创新联合多端平台，覆盖更多受众

《从地球出发》是由国家广播电视总局提出的由一台、一网、一端深度合作之后的首次试行作品。其中的"一台"指的是江苏卫视，"一网"即爱奇艺，"一端"则是字节跳动。这种三方多渠道合作的形式，能够实现传统电视媒体与新媒体之间的良好融合，集二者之优势，实现多种媒体平台的全面覆盖，将好的作品充分传播给大众。

2.《诗词里的科学》

（1）国学与科学相结合，打造独特的内容创意

为充分发掘中华优秀传统文化蕴含的科学内涵，将诗词与科学相结合，引导广大青少年从小坚定文化自信，《科学大众》杂志顺应融媒体创新发展大潮，准确定位科普对象，服务期刊读者，将国学与科学相结合，创意提出以"赏诗词之美，品科学之道"为主题的《诗词里的科学》品牌建设栏目。《诗词里的科学》活动品牌被评为中国科协"2020年全国科普日"优秀科普活动、江苏期刊协会2020年"江苏少儿报刊阅读季"优秀活动、2020年度"典赞·科技江苏"十大科普活动等称号，并入选2020年江苏省宣传思想文化工作创新成果。[②]

---

① 赵倩.谈国内科普类节目的创新与发展——国内首档天文科幻科普节目《从地球出发》的诞生［J］.新闻传播，2020（17）：98-99.

② 葛璟璐.融媒体驱动科普栏目创新实探——以《诗词里的科学》为例［J］.新闻文化建设，2021（10）：48-49.

（2）邀请科普专家撰稿，开展精品栏目建设

2019年9月，《科学大众·小诺贝尔》推出了全新科普栏目《诗词里的科学》，邀请全国多位科普专家撰稿，每期用2-3页对一首古代诗词进行科学性解读，全彩配图，从诗词中的科学出发，延伸到对科学原理的应用实际，至今已经超过19期。

（3）开展科学知识竞赛及诗词创作竞赛，吸引青少年互动参与

2020年《科学大众》承办了首届江苏省青少年《诗词里的科学》网络挑战赛活动。本次活动以网络为主要载体，分科学文化知识竞赛和诗词创作竞赛两个部分。科学文化知识竞赛比赛形式为在线挑战答题，内容包括诗词常识、物理、化学等方面的知识。诗词创作竞赛比赛形式为原创科学诗词作品。活动得到广大中小学校、青少年及家庭的热烈响应和积极参与。

（4）拓展融媒体多平台传播渠道，放大科普传播影响力

为更好地发挥"诗词中的科学"品牌价值，在传播内容方面，《科学大众》组织各类专家对古诗词进行详细的梳理研究，开发了1000多道赛题，自主制作开发了网络和手机端答题软件系统，实现移动端传播。《科学大众》在期刊原有栏目基础上，撰写图文专题文章69篇，制作视频27个，实现传播素材积累。在融媒体平台建设方面，充分利用央广国际在线、"学习强国"江苏学习平台、江苏广电优漫卡通卫视、人民网江苏频道、新华网江苏频道、《新华日报》、"交汇点新闻"App等重点媒体对专题进行了广泛报道。腾讯平台分别在南京、苏州、徐州、镇江、扬州等地投放朋友圈广告721900条。腾讯App江苏频道置顶活动介绍点击量62568次。央广国际在线的江苏频道为活动发布专题网页，策划开展"聚力传播'云端'赋能"宣传活动。①

① 葛璟璐.融媒体驱动科普栏目创新实探——以《诗词里的科学》为例［J］.新闻文化建设，2021（10）：48-49.

第三章
融媒体技术在科普示范平台中的应用

一、融媒体技术概述

（一）融媒体技术的定义与特点

1.融媒体技术的定义

融媒体是以互联网为依托，整合各类媒体优势进行融合的，涉及群众需求，使媒体在功能、手段、价值上均得以全面提升的一种新运作模式，是一种媒体理念而非独立的媒体介质。参照《广播电视台融合媒体互动技术平台白皮书》中对融合媒体平台的概念及基本原则界定，可以把融媒体表述为：是一种通过现代技术平台对信息资源进行采编、互通、整合、发布和宣传，融通广播、电视、报纸、网络等多个媒介格局，具有"集团化"多媒体功能的理念媒体，即"一体化运作车间"媒体。[①]融媒体以融合为手段，结合并利用传统媒体与新媒体的优势，赋予单一媒体其他平台的竞争

---

① 国家新闻出版广电总局发布《广播电视台融合媒体互动技术平台白皮书》[J]．中国广播，2018（3）：96.

力，扩大信息传播的效果，是一种实实在在的科学的、实践的方法。由此可见，融媒体所代表新的传播模式和运作模式，是媒体发展的新形态。而融媒体技术是在媒体融合发展背景下，在互联网、大数据、人工智能、云计算、移动通信推动下，适应融媒体传播特征、趋势和要求，形成的数字媒体相关技术、移动网络传播技术、智能媒体等领域技术的总称。融媒体背景下，媒体形式、生产平台和传播方式都发生了显著的变化，融媒体的传播内容完全覆盖了图像、图形、文本、语音、视频等多种形式的媒体信息，更重要的是，融媒体集中体现了网络媒体与传统媒体及通信技术的全面融合、媒体之间的互补互动。因此，融媒体技术的范围非常广泛，涵盖了数字媒体相关技术、移动网络传播技术、智能媒体等相关领域技术。

（1）融媒体信息处理技术

媒体信息处理的对象主要包括融媒体中心信息服务平台中的视频、音频、文档、图片等相关文件数据类型，主要处理内容包括视频数据、音频数据和文档数据。在融媒体信息处理过程中，还可以添加文字识别技术、语音解析技术和虚拟现实/增强现实（VR/AR）等技术，让媒体信息处理更加精细完善。

伴随着多媒体技术应用的日益普及，传输、处理和存储包含文本、图形、图像、音频、视频在内的多媒体数据，都需要首先对媒体信息进行处理。音视频信号采用数字化表示后数据量十分庞大，例如，1s视频的彩色数字图像数据量高达150Mb左右，对它们进行数据压缩是数字媒体系统的关键技术。该技术的主要任务是在保证声音和图像质量的情况下，尽量减少所需要的数据量。由于在声音、图像数据中存在大量的冗余数据，减少这些冗余可以达到压缩的效果。另外，利用人的听觉和视觉的心理特点，也可用较少的数据表达同样效果的声音和图像信息。[①]音频视频信号压缩技术简单来说是指对音频视频信号进行压缩编码的技术，数据压缩手段可以把信息数据压下来，以压缩形式存储和传输，既节约了存储空间，又提高了通信干线的传输效率，同时也可使计算机实时处理音频、视频信息，以保证播放出高质量的视频、音频节目成为可能。用于声音图像数据压缩的编码方法甚多，从压缩的方法来看，主要可分为变换编码、预测编码和统计编码等三大类。

变换编码主要指正交变换，它将原先的时域的声音信号或空间的图像信号变换到另一个矢量空间（变换域），从而得到变换系数。若系数的分布比较集中，可用这些少量的数据同样表述原有的信息。对这些系数进行量化、编码，就可以达到压缩编码的目的。正交变换应是可逆的，但是由于利用系数分布集中的特点，当舍去集中区域外的那些系数后的逆变换就会产生一定的误差。一个好的正交变换，舍去集中区域外的系数值后，进行逆变换得到的图像和声音与原先图像和声音质量相差不大。这就达到了在基本保质的前提下较大地提高数据压缩率的目的。常用的变换有离散傅里叶变换（DFT）、离散余弦变换（DCT）、沃尔什变换、哈尔变换、K–L变换。其中K–L变换是基于统计特性的变换，能量集中、系数相关性好，但是计算非常复杂，难以应用在实时系统中。沃尔什变换和哈尔变换的特点是用方波作为正交函数，计算简单，适于计算机处理。而离散余弦变换具有K–L变换的优点且计算复杂度适中，是用于实时视频压缩变换的主要方法。

预测编码是利用声音和图像在时间、空间上相邻的信号数据相关性较高的特点，把信号的值变换成相对值。这些相对值变化范围较小，经过量化和编码后可以用较少的比特数来表示。预测编码法中的相对数据并不是

---

① 严明.数字媒体技术概论［M］.北京：清华大学出版社，2023：9.

简单的前后相邻数据之差，而是按一定的预测规则从前面的数据来预测后面的数据，再与实际数据求得相对值。若预测值较正确，则可以得到非常小的数据值。常用的预测编码方法是差分脉冲编码调制（DPCM）编码法。它的优点是结构简单，效率较高。但是，当输入信号变化较大时，编码质量会受到影响。具有自动适应输入变化的预测编码器称为自适应差分脉冲编码调制（ADPCM）编码器，它可改善压缩质量，有时可得到较高的数据压缩率。

统计编码是根据被编码的符号出现概率不同这一特点，对概率大的符号使用较短的代码，对概率小的符号使用较长的代码进行编码，从而在整体上减少比特数。统计编码又称熵编码，常用的统计编码有Huffman编码、Shannon-Fano编码和算术编码，它们均是变长码。Huffman码是一种普遍使用的熵编码，它具有计算简单，便于硬件实现等特点。Shannon-Fano码的特性与Huffman码相似。算术编码计算比较复杂，但具有较高的数据压缩率，而且不必保存和传输码表。数字图像还有行程码和等值线码两种常用压缩编码。前者把图像（行）扫描过程中相邻的具有相同数值的像素串用它们的串长度和像素值来表示。等值线码采用边界曲线来表示图像中具有相同值的像素区域。这两种编码法同样对色彩分布均匀的图像具有较好的压缩效果。在实际的多媒体系统中，单一的编码法所产生的数据压缩率常常不能满足系统的需要，常采用多种基本编码法相结合的方案，称为混合编码。好的混合编码可达到相当高的压缩率，同时具有计算量适中、抗干扰能力强的优点。由于音频和视频的结构复杂程度不同，数据压缩编码方案亦不相同。音频信号是随时间变化的一维信号，它的采样频率一般不超过48kHz左右。由于两个相邻的样本之间有较高的相关性，因此常采用DPCM为主的各种预测编码法，或与线性预测编码相结合的混合编码。前者可获得较好的音质，压缩率一般1：3—1：4，后者在保持音质的同时有较高的压缩率。视频信号的特点是数据量大，但空间的冗余度亦大，它们可分为静态图像和动态图像两种编码方案。静态图像采用离散余弦变换（DCT）、行程码和熵编码相结合的混合编码方案，减少帧内图像的冗余度，压缩率可达1 ∶ 10—1 ∶ 50。而动态图像采用帧内压缩与帧间插补相结合的复杂编码方法，可使压缩率达1 ∶ 100—1 ∶ 200。两种图像编码均有国际标准。由于音频、视频压缩编码的计算量相当大，一般的计算机很难满足实时性要求，因此采用专用硬件来实现。特别是专用高速处理芯片将是解决该问题的关键技术。而国际标准的制定，将会促进这些专用高速芯片技术的研究和开发。

（2）融媒体网络传播技术

融媒体网络中包含多种网络传播方式，如互联网、有线电视网络、移动通信网络等。特别是5G移动通信技术的快速发展，为媒体融合带来了前所未有的机遇。5G无线通信技术是指升级、改进及优化处理后的各种无线网络技术，并注重应用纳米技术，具备便利性和灵活性，可确保用户隐私、提高传递速度并减少能耗。为打破传统网络技术的约束，此技术采用新的IP地址作为数据传递基站，实时收集、汇总大量信息放入移动终端，提高了数据的有效性和安全性。它在经营管理中的能耗较少，信息传递效率较高。因此，当发生信息传递阻碍时，此技术可第一时间察觉并启动保护措施。利用5G技术搭建一个完善的网络平台，可灵活地为人们提供服务。由于此技术的笼罩范畴比其他技术广，因此提高网民上网速度的同时可保障通信质量。5G技术的三大应用场景增强型移动宽带、低时延高可靠连接、海量低功耗连接，被广泛应用于广播电视超高清视频、VR直播、超高清转播等方面，以高速率、低时延、大连接等特点，满足广播电视融媒体各种业务场景所需。

5G时代媒体信息传播更加迅速，媒体间信息共享更加频繁，融媒体网络传播技术在5G网络低延时、高传输速率、高可靠性等优势下迎来融合发展的新机遇。目前广播和电视技术正朝着超高清的趋势发展，5G网络完全符合当前4K或8K分辨率的视频传输需求，可大大缩减人员配置，减少拍摄成本，成为继微波和光纤之后又一广受欢迎的热门无线传输技术。

　　5G无线通信技术主要分为3个层级：城域网、核心网和接入网。城域网是第一层。此网范畴包含相关通信设施装备，能以无线呼叫的模式传递和感知信号，实现信息的迅速共享，达到事半功倍的效果。核心网是第二层。此网的关键作用是衔接数据端口和通信装备，并科学分类和传输计划完成的信息。接入网是第三层。此网的主要功能是构建数据结果，即合理规范5G通信技术互联网中的繁杂数据信息，使处理方式更简单，并实现信息全覆盖。5G通信核心技术包括：多天线传输技术、高频传输技术、密集网络技术、纳米技术、云计算技术。（见图3.1）

图 3.1　5G 无线通信技术层级划分

多天线传输技术

伴随无线通信技术的飞速发展，频谱资源越来越少。为避免资源浪费，推动5G通信技术健康发展，人们研发了全新的多天线传输技术。例如，通过LSAL技术建设庞大矩阵，高效预防干扰，极大地提高边缘使用者的根本效益，优化分配频谱资源，为5G无线通信技术的发展创造有利条件。此种传输技术能科学设计空间布局，利用分层使其充分发挥一对多的服务优势。

高频传输技术

为确保5G无线通信技术的可持续发展，需提高高频段资源的利用率。现阶段，高频传输技术可有效推动5G无线通信技术的应用与发展。通过大幅提高频段资源的使用率，以满足现代网络发展的技术要求。如今，世界各国和众多通信企业纷纷加大了高频传输技术的研发力度并扩大其应用范围。

密集网络技术

5G无线通信技术的发展空间较大，促使小区越来越密集。为有效推动此技术的全覆盖，满足大面积数据业务的发展要求，应及时清除盲点，增加技术容量。随着数据的广泛使用，小区密度随之提高。因此，需提升5G无线通信技术的抗干扰能力，充分应用密集网络技术，促进5G无线通信技术获得良好发展。

纳米技术

纳米技术在5G无线通信技术中占据重要地位，是提高技术建设的核心结构。此技术可聚焦系统内的数据收集形式，依据扁平化的IP互联网传递模式传达信息，并将其引进用户终端。数据经过纳米技术处理后，系统结合服务器再次布置无线信号，保障信号质量的同时，促使信号顺利进入用户终端。有关人员将纳米芯片应用于移动监管中心，采用自动化模式为用户提供便捷条件，进而得到高精度结果，在提高5G无线通信技术使用效率和质量方面效果显著。

云计算技术

云计算是适用于中央控制服务器的一种新兴技术，可发挥储存数据和落实应用的作用。此技术可实现在每一个终端上储存文件和装置应用软件，且可利用Internet完成读取和使用。全面推行和使用云计算技术，可确保地区信息化平台储存更多视频数据和中央控制体制中的信息，有效读取文件，进而为系统的良好运作奠定基础。它的服务器主要分为物理层、网络层、对话层以及应用层4个层次。最底部为物理层，主要负责收集数据，且能推动5G无线通信技术开放式搭建。网络层衔接对话层和物理层，保障信息无阻碍传递。对话层围绕系统命令生成开放化的传递协议，依据各种IP地址有针对性地选用处置模式。用户引进5G无线通信技术，需建户并通过密码登录，若密码有误，则无法连接。应用层可为用户供应全方位服务，把数据变换为全新预案，同时深入剖析产品功能，进而高效提升用户使用效率。

2022年2月28日，在国务院新闻办举行的新闻发布会上，工业和信息化部总工程师、新闻发言人田玉龙介绍，我国5G网络已经覆盖全国所有地市一级和所有县城城区、87%的乡镇镇区，2022年5G基站要新建60万个以上，基站总数达到200万个。近年来，移动、电信、联通和广电四大电信运营商先后完成了从移动2G网络到4G网络再到5G网络升级和接入网光纤到户的改造，基本实现了"有线网络光纤到户 + 无线网络向4G长期演进"的全新网络覆盖模式。我国5G网络四大电信运营商的频段和带宽分配如表3.1所示。

表 3.1　中国 5G 网络四大运营商频段及带宽分配

频段	所属运营商	上行频段	下行频段	带宽	双工模式	备注
700MHz	广电	703~733MHz	758~788MHz	2×30MHz	FDD	
2.1GHz	电信	1920~1940MHz	2110~2130MHz	2×20MHz		
	联通	1940~1965MHz	2130~2155MHz	2×25MHz		
2.6GHz	移动	2515-2615MHz	2515~2615MHz	160MHz	TDD	
3.5GHz	广电、电信、联通共建共享	3300~3400MHz	3300~3400MHz	100MHz	TDD	室内共享
	电信	3400~3500MHz	3400~3500MHz	100MHz	TDD	
	联通	3500~3600MHz	3500~3600MHz	100MHz	TDD	
4.9GHz	移动	4800~4900MHz	4800~4900MHz	100MHz	TDD	
	广电	4900~4960MHz	4900~4960MHz	60MHz	TDD	

　　广电 5G 网络具有以下特点：首先，700MHz 频段的 5G 网络相对于其他频段的 5G 网络更适合广泛的覆盖范围，这对起步几乎为零的广电网络来说优势明显，只需建设或拥有其他运营商 1/3 数量的基站，就可以达到相同的覆盖范围。其次，700MHz 频段电磁波的绕射能力和穿透能力相对其他频段要更强一些，在海域、山岭、荒漠、森林等环境应用更有优势。此外，从表中各频段的带宽数据不难发现，700MHz 频段的 5G 网络相对于其他频段的 5G 网络最大的缺点是上下行总带宽仅为 60MHz（与电信、联通、移动均 100MHz 以上的带宽相比明显偏少），所以 700MHz 频段的 5G 网络传输容量和速率肯定会受到带宽的影响。然而，广电 5G 网络的发展初期传输容量不是很大，缺点也不会明显地暴露出来。在广电获得用于 5G 网络的 3 个频

谱资源中，3.5GHz频谱资源用于室内覆盖，700MHz和4.9GHz频段用于全覆盖，700MHz频谱资源与700MHz的无线广播电视频率重叠。①

除5G无线通信技术之外，制播体系技术也是融媒体网络传播技术的重要组成部分。制播系统向全IP技术架构转变，也是未来广播电视发展的重要目标。在媒体融合发展背景下，融媒体制播向大带宽、低时延、高安全方向发展，融合人工智能、大数据、区块链等技术，实现广播电视融媒体内容选题、素材集成、编辑制作、媒资管理等环节的智能化发展，推动广播电视融媒体IP化高清/超高清/高新视频制播体系建设，助力新闻播报、天气预报、综艺科教等节目智能化制播。②

（3）智能媒体技术

人工智能（AI）是科技革命与产业革命的战略性技术，正在向各产业渗透、融合。我国"十四五"规划纲要明确提出大力发展人工智能产业，推动人工智能向技术创新、工程实践、可信安全三个维度发展。人工智能不断赋能广播电视行业发展，实现融媒体的智能处理、识别、分析、生成、传输等功能。人工智能在广播电视融媒体内容生产、分发传输、监测监管等领域的应用也在持续深化，以AI推荐算法优化技术、AI字幕、AI主播、AI无障碍播报为代表的融媒体技术推动了广播电视融媒体平台的智慧化发展。

随着新技术的发展，融媒体领域面临四方面的挑战。一是海量内容处理需求。融媒体业务每天新增大量短视频节目生产及二次制作，现有生产工具面临时效性挑战。二是支撑复杂场景需求。智能应用从单点转向支撑

---

① 滕志国，黄宪伟.浅谈广电网络现状与广电5G网络建设［J］.广播电视网络，2022（10）：57-59.

② 孙华斌.广播电视融媒体技术发展及应用［J］.电视技术，2022，46（12）：175-177.

业务流程，需要建立管理平台来支持"采编存管播发"全业务场景。三是多模态智能化转换。传统媒体及融媒体库中含有大量内容，运营标签不足且不统一，影响内容运营与检索应用。四是内容风控与智能审核要求。媒体内容引入与输出量快速提升，有大量多类型内容需要审核。现有审核方式存在效率低、操作成本高的缺点及漏审风险。以上诸多挑战，促进了媒体向智能媒体的演进。

关于智能媒体的定义，有学者借助补偿性媒介理论，认为智能媒体是对依托于互联网技术的社会化媒体在技术、连通以及分发等三个层面的补偿。最早描绘出智能媒体蓝图的应当是彼得·罗素（Peter Russell）关于"地球脑"的概念。"地球脑"是1983年彼得·罗素在其出版的《地球脑的觉醒》（*The Global Brain Awakens*）中提出的一种对人类社会发展途径的前瞻性设想。他认为现代信息技术支撑的"地球脑"还将会存在一种人与智能机器共生的形态，"当人类身体与技术融合的趋势继续发展，他们与人工智能生命已经难以区分"。目前，我国对智能媒体产业的研究涉及新闻、广告、出版、电影等多个领域。以人工智能、虚拟现实、大数据、算法分发等为代表的智能媒体技术将诸多传媒产业整合在一个共享平台上，使传媒产业的外沿得到不断延展，产业间的边界趋于模糊，产业的内部主体被重构，加速了传媒业的跨界融合。[①]

智能媒体技术架构由基础层、技术层和应用层构成。基础层包括智能芯片、智能传感器、大数据资源、云计算平台等。技术层包括机器学习、计算机视觉、知识工程、自然语言处理、语音识别、计算机图形、多媒体技术、人机交互技术、机器人、数据库技术、可视化技术、数据挖掘、信息检索与推荐等重点领域。应用层主要包括信息采集、内容生产、内容分发、媒资管理、内容风控、效果监测、媒体经营、舆情监测、版权保护等，为智能媒体

---

① 智能媒体时代：技术进化与业界变革［J］.采写编，2021（5）：4-6.

的发展提供了先进的技术支撑和强劲的内驱动力。

此外，虚拟现实（含增强现实、混合现实、拓展现实）是信息技术发展的重要方向，也是广播电视多种媒体技术融合的技术形式。虚拟现实（VR）、增强现实（AR）、混合现实（MR）、拓展现实（XR）在软硬件技术方面实现突破性发展，推动广播电视行业媒体融合向交互性、沉浸式发展。VR、AR、MR、XR在近眼显示、渲染处理、感知交互、网络传输、内容生产、压缩编码等关键技术方面的融合创新，关键器件、终端外设、业务运营平台、内容生产工具等产业链条的完善升级，有助于虚拟现实技术在广播电视行业的应用深化与融合。如虚拟现实全景摄像机、三维扫描仪、裸眼沉浸式呈现设备等在融媒体新闻报道、体育赛事、影视动画、短视频等内容制作领域的应用，能够不断提升广播电视融媒体内容质量，推动广播电视与网络视听向更高技术格式、更新应用场景、更美视听体验发展。

2. 融媒体技术的特点

新技术变革了原有的媒体制作传播流程。大数据为新闻内容生产提供了海量的源泉。使用人工智能技术对数据进行分析，可自动生成文字、影音内容，并可辅助编辑进行内容策划。智能算法代替了传统的编辑进行内容推送。基于手机终端的使用信息实时反馈到媒体人工智能中，评估用户偏好，完善用户画像，实现更准确的效果反馈和调整，从而使融媒体呈现出相应的技术特点。除了现有数字媒体具有的数字化、多样化、集成性等技术特点以外，融媒体还有以下技术特点。

（1）传播方式多样化

由于数字方式不像模拟方式需要占用大量的电磁频谱空间，传统模拟方式因频道"稀缺"导致的垄断将被打破。传播方式不再是传统的自上而下，而是由大量用户生产内容，更加强调社交属性。

（2）传播内容海量化

内容供应商将一部分生产内容的功能分出来，进行节目的社会化生产。这不仅大大增加了数字媒体的节目数量，丰富了节目内容，而且也增加了一些个性化很强的增值业务，使传播的内容更加丰富多彩。

（3）传播渠道交互化

可以在大众传播的基础上进行更分众化、精确化的传播，受众得到更加细致的划分，传播方向更加精确。传播渠道不再局限于以往的单一方式，而是同时在广播电视、互联网、电子报刊、移动客户端等多渠道同步发布。

（4）用户需求个性化

数字媒体不再是"点对面"的广播式传播，而是"点对点"的交互式传播，效率高，易满足受众的个性化需求。

（5）传播手段智能化

随着大数据、人工智能等技术的发展，数字媒体不仅能够对观众的收视行为及收视效果进行更为精确的跟踪和分析，还能实现媒体信息的个性化精准推荐。

（6）传播速度实时化

融媒体时代对信息的时效性要求极高，一切信息传播都要与时间赛跑，谁能够第一时间发布新闻事件，谁就能拥有传播的优势。传统媒体需要新闻记者赶到现场进行采访后才能传播，但是在融媒体时代，在新闻记者还没有获得爆料之前，得益于移动互联网及智能终端的发展，亲眼看到、听到的网友就已通过多种媒体渠道对事件进行了传播。

（二）融媒体技术的发展趋势

党的二十大报告指出，要"加强全媒体传播体系建设，塑造主流舆论新格局"，为新时代媒体推进融合发展指明了方向。如今，媒体融合由"推动"到"推进"，从"融合发展"到"深度融合"，融合的紧迫性更强、任务更重、层次更深。近年来，主流媒体抢抓融合发展时机，促进改革与创新，积极拥抱新技术、新应用，加快新媒体转型步伐，向着建设新型主流媒体的目标不断迈进。

整体来看，我国融媒体发展现状有以下三个特点。

一是政策引导，构建媒体融合发展良性环境。政策引导已经成为我国媒体融合发展的重要推动力，政策逻辑在我国媒体融合发展中的作用愈显突出。积极把握政策红利，对推进主流媒体发展显得至关重要。近年来，国家从政策层面出台了一系列支持媒体融合发展、净化传媒发展环境的规定、措施，为媒体融合提供了新指导、新动能。2021年9月，中共中央办公厅、国务院办公厅印发《关于加强网络文明建设的意见》，提出要深入推进媒体融合发展，实施移动优先战略，加大中央和地方主要新闻单位、重点新闻网站等主流媒体移动端建设推广力度。这意味着主流媒体移动化转型迎来新的红利期。2022年3月，国家发展改革委正式发布《市场准入负面清单（2022年版）》。清单明确了非公有资本不得从事新闻采编播发业务、不得投资设立和经营新闻机构、不得经营新闻机构的版面等六项内容。此类准入规则进一步保证了新闻报道的真实性、规范性，并在一定程度上提升了主流媒体的地位。

二是创新表达，让大流量澎湃正能量。2022年是实施"十四五"规划、全面建设社会主义现代化国家的重要之年，也是向第二个百年奋斗目标进军的开局之年。2022年党的二十大胜利召开、北京冬奥会举办等重大历史事件的主题报道中，主流媒体强化使命担当，创新表达，打造出一系列的"现象级"新媒体产品，让大流量澎湃正能量。为宣传和报道好党的二十大，主流媒体充分运用短视频、微电影、H5、小游戏等表达形式，生动展现党和国家取得的历史性成就，折射大时代的发展和变化。在中国经济传媒协会会员媒体中，新华网推出二十大特别策划"这十年，那些难忘的奋斗故事"系列创意视频，综合运用XR等技术手段，展现党的十八大以来我国经济社会发展取得的历史性成就和变革，全渠道传播总量超2.8亿。央广网推出"大时代"系列主题报道，用典型案例、数字说话，通过鲜活的小故事生动诠释十年的变化、成就，全网触达人次超30亿。

三是技术赋能，推进媒体社交化、智能化转型。技术创新是媒体融合发展的引领。2020年9月，中共中央办公厅、国务院办公厅印发《关于加快推进媒体深度融合发展的意见》，明确提出"要以先进技术引领驱动融合发展，用好5G、大数据、云计算、物联网、区块链、人工智能等信息技术革命成果，加强新技术在新闻传播领域的前瞻性研究和应用，推动关键核心技术自主创新"。近年来，在5G、AI、元宇宙等技术加持下，虚拟主播、跨屏互动、智能互动等成为现实，并深度融入媒体新闻实践，成为丰富受众体验，推进媒体社交化、智能化转型的利器。例如，新华社依托5G、MR技术推出"新立方智能化演播室"，让主持人同身处太空的航天员王亚平进行天地跨屏互动，全息、生动地展现"两会"的深度与盛况。中央广播电视总台以财经评论员王冠为原型，推出了具有元宇宙概念的AI虚拟主播节目《"冠"察"两会"》，驱动"两会"新媒体报道创新。对2022年"两会"进行报道时，人民网推出短视频节目《百秒说"两会"》，通过AR技术，用"真实环境＋虚拟场景"进行创意延伸，形成主持人与场景的创意互动，增强了网友置身"两会"空间的亲近感和参与感。

从融媒体技术角度看，当前媒体融合生态以主流媒体为核心，以中央、省、市、县四级媒体机构中设立的融媒体中心为主要构成，同时涵盖社会各行各业企事业单位中设立的融媒体中心。《广播电视和网络视听"十四五"科技发展规划》明确提出拓展媒体服务领域、发挥内容品质优势、加快媒体深度融合、加速传播体系创新、推动用户体验升级、夯实科技创新基础等发展目标，推动智慧广电服务业态多元化、内容供给高端化、媒体生产一体化、网络传播泛在化、用户终端智能化、监测监管精准化、科技支撑体系化。在5G基础设施与通信网络不断完善的情况下，广播通信协同、有线无线融合、大塔小塔联动、大屏小屏交互、室内室外协同关键技术得以发展。充分运用融媒体技术，推动广播电视融媒体全息化、可视化及沉浸式、交互式内容产品，实现智慧广电传播形态、传播样式的升级迭代。在5G、4K/8K、AI、大数据、区块链等技术不断成熟的背景下，广播电视会向5G+4K/8K+AI、互动视频、沉浸式视频、8KVR、云游戏等视听技术、信息技术融媒体深度融合应用，实现融媒体更高技术格式、更新应用场景、更美视听体验的融合发展新格局。[①]

媒体融合背景下，形成了由多个行业构成的产业生态，主要包括传统媒体、互联网和以移动互联网应用为代表的新媒体，还包括新媒体在旅游、公共安全、交通、教育、金融、医疗、休闲娱乐、气象、展览等垂直行业中的应用。融媒体技术与旅游行业的结合将助力智慧旅游的发展，开拓更加广阔的旅游市场。新一代信息技术将成为旅游行业的基础设施，推动旅游行业与数字经济的深度融合。目前旅游业的融媒体技术应用十分广泛，覆盖

---

① 孙华斌. 广播电视融媒体技术发展及应用［J］. 电视技术，2022，46（12）：175-177.

行业内多个环节，如4K超高清直播、VR沉浸式体验、智能游记服务、无人机人流量监管等。融媒体技术在旅游服务、旅游监管、旅游传播等方面表现亮眼，除了用于线上"云旅游"之外，还可以提升线下旅游服务的体验。例如，通过VR/AR技术，增强旅游体验的沉浸感，丰富智慧导览的形式，从而提升景区的文化传播效果。在智慧交通领域，融媒体技术可提供智慧驾驶服务、智慧管理服务及车载信息服务等。无人驾驶车辆能够在各类数字媒体技术助力下实现封闭、半封闭场景下安全可靠的无人驾驶运营。在公共安全领域，基于融媒体技术的公共安全监测平台可实现全方位立体化巡防。在远程医疗领域，数字媒体技术发挥着巨大的作用，不仅可通过高清视频传输进行远程问诊，还能利用VR技术进行远程手术。

二、融媒体技术在科普示范平台中的应用

（一）内容创新与呈现

1.融媒体技术加速科普内容创新

随着媒体融合向纵深发展，传统媒体内容生产不断变革，媒介环境发生了巨大变化。信息传播方式、媒体发展格局、舆论生态的改变使得当今的信息内容不再是过去传统媒体主导下的单一文字和图片内容，而是融合了新技术、多元媒介形态、新传播理念的创新内容。科普内容的生产和呈现形式迈进了全新的时代。无论是内容创新还是形式创新都离不开媒体融合的大背景下技术的支撑。在传播技术不断革新的背景下，5G、云计算、大数据、人工智能、虚拟技术等信息技术的快速发展，给融媒体产品内容

和形式的创新带来了更多可能性。5G、4K/8K、AI等技术组合已经逐渐改变了当下全媒体传播格局，丰富了科普内容的互动形式。随着技术的不断进步，未来内容创新与呈现的方式仍然有很大的想象与发展空间。

融媒体技术时代，信息传播的内容不再只是文字、图片或是视频。通过交叉融合以及新技术的运用，信息内容更具交互性，受众群体获取信息更加快速、立体，打破了时间、空间的限制。如通过关注点击量、查看率以及反馈信息等可以明确受众的思想趋向，及时调整信息内容的传播。此外还可以利用虚拟技术实现互动，发挥无人机航拍优势，采集资料，体验全方位沉浸式高清直播新体验。通过大数据分析热词，为受众群体提供参与讨论话题的平台与机会，等等。航拍技术、VR虚拟影像，推动了互动直播发展，增强了用户真实体验感。短视频、H5可视化内容制作，增添了对新闻内容生动活泼的演绎，能够吸引更多用户观看阅读。新技术的广泛应用给优质内容插上了"翅膀"，使融媒体产品形式"绚丽多姿"。

通过对目前已有文献的梳理发现，科普内容创新主要表现在以下三个方面：一是科普内容生产供给模式的创新。采用PUGC（专业用户生产内容）和PGC（专业生产内容）两种内容生产模式，[①]扩大了内容创作群体，将区域内的政府机构、专家、意见领袖等组织或个人作为专业性的UGC创作用户，以守正创新的理念，生产导向正确、形式多样的优质内容与PGC形成互补。并汇聚了来自全国学会、各领域的科学家、科普专家、科普自媒体机构、科普自媒体个人，以及科普创作团队资源如全国学会、地方科协、全国科普教育基地、少数民族科普等优秀科普创作资源等。[②]二是融媒体云平台科普内容共享联动体系创新。主要表现为将区域内各级各地媒体资源有效整合

① 杨海霞，刘韬.建好融媒体云平台重构媒体新生态［N］.中国新闻出版广电报，2020-04-09.

② 江琴.科普新媒体内容创作与传播实践创新［J］.新闻前哨，2022（21）：49-50.

打通，让省、市、县、区级媒体各施所长、优势互补、形成合力，提高总体生产效能，产出高品质内容产品。[①]三是科普内容发布方式的创新。采用全媒体策采编发系统的供稿模块，可在电脑和手机上编辑上传素材，大量田间地头带露珠、反映群众身边故事的新闻信息即时供、即时审、即时发。[②]

　　融媒体促进科普平台在内容呈现方面的创新性转变，主要表现为以下三个方面：一是以新技术为支撑，内容从单一文字到同时具备文字、图片、摄像、音频、视频等的转变。借助5G、AR/VR、8K、AI等技术进行科普内容制作与呈现，满足了公众的不同需求，极大丰富了科普内容形式。二是从作品到产品的转变。科普内容中加大了图片、动漫、短视频、微电影、音频、直播、H5、VR/AR等新媒体技术手段的使用力度，形成以文字精品彰显理性力量、以融媒方式丰富产品形态的趋势，实现内容从作品到产品、从可读到可视、静态到动态的转变，与此同时也引发了主流媒体之间从内容竞争演变为融媒体产品竞争。[③]三是从单一媒介到融合媒体的转变。跳出过去单一媒介的呈现形式，依托"中央厨房"生产符合融媒体平台特点的各种内容、满足用户需求，已成为当下主流媒体的内容呈现的主要方式和路径。[④]"中央厨房"是融媒体内容生产的神经中枢，可以实现全媒体产品的采集、制作与发布，可以通过建设融合媒体素材库，实现多种媒体平台内容共享、共同使用。其中包括搭建多媒体协同生产系统，增加诸如微信文章编辑、图片剪辑、H5模板库、数据类制作工具等；[⑤]搭建共享云生产

① 杨海霞，刘韬.建好融媒体云平台重构媒体新生态［N］.中国新闻出版广电报，2020-04-09.

② 杜一娜，齐雅文.市县融媒体：新技术加持下呈现哪些新面貌［N］.中国新闻出版广电报，2023-05-22.

③ 双传学.建设现代新型主流媒体的思与行［J］.青年记者，2023（7）：84-87.

④ 王蕾，石金，王莉莉.融合思维下县级融媒体中心内容生产策略研究［J］.新闻研究导刊，2022，13（7）：19-21.

⑤ 打造"中央厨房式"系统，全面支撑媒体融合［EB/OL］.央视网.2016-04-16.

体系,构建用户新闻上传平台（UGC系统）和面向生产的即时通信系统等,实现内容及时上传与审核（见图3.2）。

图 3.2　中央厨房融媒体内容生产模式

2.融媒体技术推动科普呈现方式变革

（1）大数据与人工智能：促进科普内容视觉化发展

视觉化新闻是大数据技术加持下的新型新闻生产方式,同时衍生出诸多视觉化工作,其中较为高效的是信息图表。在科普新闻生产中,较为常见的信息图表包括图形、表格、图解、地图等。这些信息图表可以将复杂和抽象的数据简单化,通过合理设计在新闻中凸显新闻重点,引导公众迅速理解新闻要点;同时,可以将新闻事件细化,将其中的人物关系、时间顺序等因素更有逻辑地融入新闻中,直接表达新闻信息中的关系,使受众更直观地了解实践发展的状态。信息图表对于科普新闻的文字起到补充和拓展作用，形成一种新颖、独立的新闻呈现方式，更加受到人们的青睐。通过大数据和人工智能的后台运作，融媒体平台可以将科普内容"标签化"，再与用户的"画像信息"进行匹配，然后将对口的科普内容推送给目标用户。这种"双向选择"可以极大地降低沟通成本，避免资源浪费。

（2）VR、AR技术：丰富融媒体科普内容与传播形式

VR，是virtual reality的缩写，简称虚拟技术，也称虚拟环境，是利用电脑模拟产生一个三维空间的虚拟世界，提供使用者关于视觉等感官的模拟，让使用者感觉仿佛身历其境，可以及时、没有限制地观察三维空间内的事物。AR，是augmented reality的简称，是一种实时地计算摄影机影像的位置及角度并加上相应图像的技术，这种技术的目标是在屏幕上把虚拟世界套在现实世界并进行互动。广电融媒体平台可以运用VR、AR等技术来实现虚拟科普融媒体平台的构建，结合新节目的推出以达到特殊的播放效果，对电视台节目进行改造。①

（3）HTML5（H5）技术：打造沉浸式、场景化的科普报道

H5是一种最新的网页标准语言，几乎所有的浏览器在呈现网页时都以H5技术作为遵循标准。H5技术以其自身技术的简易性和便捷性，依托移动端的浏览器，可以更加契合移动时代的用户需求和阅读习惯，从而在多个领域具有广泛的应用前景。尤其在新闻媒体领域大量采用H5融媒体技术进行新闻报道，不仅可以借助场景创新提升新闻品质和阅读体验，又能激发用户的点击和分享欲望，在短时间内达到新闻传播效益的最大化。因H5技术具有良好的兼容性和广泛的应用性，所以能够融合图片、视频、音乐、动画、链接等新媒体形式，架构起丰富多元化的媒体内容，可以实现沉浸式体验以及多种视听特效，形成动态的、可视化与交互性为一体的

全新融媒体产品，通过沉浸式的场景化报道提升视觉表现力和冲击力，凸显专题报道的重心，减少信息干扰，使用户能够快速提取专题化知识，提升科普新闻报道的阅读体验。

H5技术具有较强的灵活性和丰富的交互性，不仅能够实现科普新闻的沉浸式、场景化的科普报道，而且依托高质量的互动设计可以增强用户实际体验的娱乐性和操作性，是一种反馈及时、交互性极强的高效传播方式。[①]基于H5网页开发平台制作的微场景科普，是一种有交互性、可视化、有强烈代入感的微场景科普作品，实现了科普内容与形式上的创新。

（二）传播策略与渠道优化

1.融媒体平台科普传播创新及渠道优化的必要性

作为科学普及传播活动的重要环节，渠道的作用不容忽视。在媒体生态中，良好的渠道意味着各媒体机构之间能够构建有效的联结机制，优质内容能够充分流通，进而有效触达用户。随着新媒体的发展，科普信息的传播渠道和受众群体接收信息的渠道均呈现出多元化和复杂化的趋势。当下科普信息的传播渠道不仅包括科普参观活动、展览、讲座等线下体验活动，科普报刊、书籍、音像制品等出版物，以及广播、电视等传统媒体渠道，也包括内容平台渠道，如微信公众号、头条等平台上以图文方式呈现的科普文章，喜马拉雅、得到等平台上的科普音频，知乎上科普类图文、视频内容，抖音、快手等平台上传播的科普短视频和以B站、西瓜视频为主要传播阵地的科普中视频等新媒体科普渠道，且具有信息量大、内容生动丰富、互动性和时效性强的优点。其中，短视频和中视频领域是当前科普产业发展的重点赛道。从抖音联合国内多家权威科研机构推出的"DOU

① 贾雪帆，侯研娜.科普新闻的融媒实践创新——以大国工匠朱恒银：向地球深部进为例［J］.中国广播电视学刊，2022（4）：121–123.

知计划"、B站的"知识分享官"活动，到百度旗下的好看视频发布的"好看 Club 轻知专列"活动，以及知乎推出"海盐计划"，大力扶持知识型中视频内容。各个"大厂"纷纷在科普内容领域发力，推动新媒体科普产业进入高速发展时期。[①]科普传播渠道的优化和多元化不仅降低了公众接触知识的门槛，也以生动的形式丰富了知识表达的形式，拆除知识传播的时空壁垒，使得知识的创作和传播都更为便捷。更为重要的是，科普工作者也能在平台上挖掘更广泛的受众人群，点燃更多人对科学的热情。[②]如以省级融媒体平台建设为载体，可以对接中央媒体及商业互联网平台，形成上接天线、下接地气的传播通道，通过聚合区域内外部渠道资源，形成渠道体系，扩大传播力与影响力。以"新甘肃云"为例，它打通了省、市、县三级媒体渠道。县级融媒体中心发布的内容经云平台审核后，可直接在甘肃新媒体集团旗下平台集中发布，重要新闻可推送至第三方新媒体平台，以多元渠道促进优质内容的传播。

2. 融媒体平台科普传播创新及渠道优化的重点考虑因素

科学普及是利用各种传媒和活动，以浅显的、通俗易懂的方式向公众传播科学技术思想和知识的行为。其传播过程主要体现为规模较大的大众传播和定向性强的群体传播。因此，在进行科普活动之前需要考虑并策划相应的传播策略，统筹兼顾传播环境与媒介、传播主体、传播对象、传播渠道以及传播效果等因素，以提升科普传播的有效性。融媒体时代科普信息的传播策略与渠道优化，需要重点考虑以下三个方面（见图3.3）。

一是坚持内容为王。在互联网和融媒体时代下，内容仍然是科学普及

① 彭佳倩，曹三省. 以人为本的创新与融合：新媒体时代下的科普创作与传播［J］. 科普创作评论，2022，2（1）：5-11.

② 科普这十年：新形式、新渠道、新受众，互联网助力科普"破圈"［EB/OL］. 新浪网"科学看点". 2022-10-08.

传播的核心。在传播模式已经发生翻天覆地变化的今天，加强内容建设不仅是各主流媒体制胜的法宝，也是传统媒体转型升级和新型主流媒体建设的推进器。坚持内容为王、推广品牌效应、打造IP流量、为民服务的融媒体产品得到受众认同。[①]在当下经济、科技和产业快速发展的背景下，内容是媒体发展的基石，科学普及工作也要注重优质科普内容的追求与打造，着力提炼有效科普信息，维护受众的知情权、监督权，发布兼具科普性、新闻性与服务性的社会民生热点，增强科普内容的可读性、多样性与持续性，把好内容质量关。要保证科普内容的真实性、科学性，对主题、热点、突发内容的传播，需要保证传播主体的专业性与权威性。

二是坚持用户思维，站在公众的角度来思考公众需求，增强与公众的互动和联系。用户数量、停留时长、参与程度代表媒体对受众的聚拢吸附能力、社会动员能力和行为塑造能力，构成媒体视为生命的传播力、引导力、影响力、公信力。要从用户的多维需求出发，让用户直接参与到内容生产和传播中来，构建一个"以用户为核心"的生态，真正做到"以人民为中心"，媒体才能获得持久的生命力。[②]科普传播过程中，要充分考虑公众学习的时间、地点、场景，为其提供动态变化的科普信息，将公众需求贯穿于科普的采写、编辑、制作、传播等整体过程当中，为公众提供既丰富多样又极具个性化的科普信息服务。

三是坚持互动思维。互动性不仅增强了用户与平台之间的紧密联系，还为内容提供了延伸的空间。互动思维是利用媒介的交互性技术使传播过程中的参与者能交换角色，并对他们的双边话语具有控制力、影响力。[③]坚

① 王宁.浅谈融媒体时代新闻内容及形式发展［N］.阳泉日报，2022-09-04.

② 王蕾，石金，王莉莉.融合思维下县级融媒体中心内容生产策略研究［J］.新闻研究导刊，2022，13（7）：19-21.

③ 王蕾，石金，王莉莉.融合思维下县级融媒体中心内容生产策略研究［J］.新闻研究导刊，2022，13（7）：19-21.

持互动思维可以从以下两个方面入手。一方面，利用创新技术实现互动。如利用5G、4K/8K、AI等技术组合逐渐改变全媒体传播格局，丰富科学传播与公众的互动形式。另一方面，创新内容实现互动。新媒体时代下的科普传播有着更强的互动性，拥有更多反馈机制。创作者可以通过点赞、转发和留言评论，了解用户喜好和接受习惯，及时调整内容以满足受众的需求，从而获得更好的科普效果。

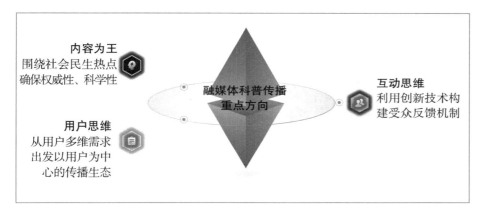

图 3.3 融媒体时代科普传播重点考虑因素

3. 运用融媒体技术做好科普传播创新与渠道优化的策略手段

（1）利用互联网平台的大数据，精准绘制用户画像

分析用户需求，对科普内容进行深加工，用文字、图片、语音、视频等方式吸引读者眼球，跨媒体、跨平台、跨渠道进行传播，增强读者体验感，构建立体化科普传播模式。互联网及移动终端的多样化和普及化应用，为科普工作者提供了包括用户基本数据、用户内容偏好数据、互动数据及会话数据等全方位、立体化的用户大数据信息。据此可以绘制出相对精准的用户画像。科普工作者可以针对潜在用户有的放矢地推送多样化、个性化的科普节目。

（2）调频对话语境，进行社交媒体式的沟通

科普作为一种社会传播，轻松高效的交流才是最终目的。随着弹幕文化、短微视频编创、娱乐元素等互联网文化逐渐成为一种社交新常态，科普工作者也应将互联网思维运用到内容生产、话语呈现和视听表现等方面，以有效降低沟通成本、广泛扩大受众群。

（3）做好"守门员"角色，构建开放平等、安全有效的大众科普环境

在多元开放的平台型媒体环境中，个人"媒体属性"被激活后，极大地增强了个人信息交换的自主性和闲置内容生产的可能性。各类科普从业人员均可以在融媒体平台发布成功经验和技术妙招，来进行信息交流甚至是内容生产。而科普工作者要做的就是内容筛选、内容范化及传播环境监督等工作，保证"生态圈"的良性发展。①

（三）融媒体技术应用案例分析

本书选取国内较为成熟的、以主流媒体为主体打造的科普示范平台作为典型案例，如中国科学院科普云平台——中国科普博览、科技日报社的科技融媒体云服务平台、北京科技报社的融媒体平台作为典型案例，阐述融媒体技术在科普示范平台建设中的应用，分析总结经验，为我国科普融媒体平台建设发展提供借鉴。

1. 中国科学院科普云平台——中国科普博览

（1）平台简介

中国科普博览是中国科学院权威出品、专业打造的互联网科普云矩阵，

---

① 吕品磊，刘勇. 融媒体时代农业科普节目的创新策略［J］. 新闻研究导刊，2019（14）.

传播高品质、有深度、可信任的科普内容，组织新鲜、有趣、好玩的科普教育活动，已形成"中国科普博览"《格致论道》、"科学大院"、"科院少年"等优质科普品牌。自1999年创建至2023年，依托中科院优质科研科普资源，在"万物皆媒"的时代背景下，已从最初没有围墙的虚拟博物馆群，逐步发展成为集科学普及、科学教育、科学文化服务于一体的综合性的科学传播平台。平台汇聚中科院高端科研科普资源，开展前沿科技的深度解读、热点事件的科学发声，提供趣味互动的科学教育服务，传播新时代科学文化，成为互联网上优质科普教育内容提供者。

其中，《格致论道》是中国科学院全力打造的科学文化讲坛，以"剧院式演讲，视觉化分享"为特色，致力于科学与思想的跨界交流。作为国内知名科学演讲品牌，讲坛邀请了数百位科学科技、人文艺术领域的嘉宾分享新思想和新观点，讲述他们的探索故事与创新思维。在20分钟的演讲中，配以舞台声、光、影效果，以及多媒体信息技术，让科学演讲变得富有魅力，营造现场沉浸式聆听体验，打造互联网精品科学内容。《格致论道》讲坛每月一期，所有演讲视频通过《格致论道》官方网站、微信、微博、哔哩哔哩、百度百家号等平台广泛传播。

"科学大院"是中国科学院官方科普微信公众号，致力于为公众尤其是高校学生、科研工作者提供前沿、权威、深度的高品质原创科普内容。"科学大院"的作者均是来自中科院100多个研究院所和院外多家高校、科研机构的一线科研人员。公众号内容包括对最新科技成果的深度解读及对社会热点事件的科学发声等方面。

"科院少年"围绕中科院"科学与中国"科学教育计划，开展"互联网+科学教育"的探索与实践，汇聚和集成中科院优质科学教育资源，面向中小学教师和学生提供线上线下融合的高品质、跨学科、互动式的科学教育资源、产品与服务。项目坚持"开放、合作、共赢"的原则，以中国科普博览示范基地学校建设为抓手，建立中科院各研究所科教资源与学校之间的连接桥梁，推动中国科学院高端、优质、特色的科研科普资源在学校科学教育中的落地与应用，服务未来科技创新人才培养的需要。

"科普中国前沿科技"是中国科协联合中国科学院设立的原创科普内容创作与传播项目，由中国科学院计算机网络信息中心中国科普博览团队承办。项目围绕服务国家战略布局，聚焦科学技术前沿，关注社会生活热点，聚拢科普团队，创作有战略高度、科学深度和传播广度的优秀科普作品，以项目为基础，探索和实践新媒体科普融合创作与传播生态系统建设，实现科学家、科普团队、媒体渠道、技术团队等科普工作不同角色之间的协同和融合，为中国互联网提供原创优质的数字科普内容。项目设立以来，创作了超过1500个原创作品，总浏览量超过10亿，发布、转载媒体超过百个，五分之一的作品被人民日报、央视新闻、环球时报等主流媒体在首页推送，作品曾多次获得"典赞–科普中国十大网络科普作品"称号（见图3.4）。

图 3.4　中国科普博览网站首页

中科院网站群信息发布平台全面支撑院网站信息发布，统一稿件池，多渠道多向安全采编发；面向科研教育机构提供一体化的融媒体信息发布与传播技术、系统与服务。院网站群平台符合国家对政府网站的安全管理要求，稳定支撑院中英文主站、院属单位中英文门户网站的建设应用，包括基础运行服务和网站建设服务，连续多年荣获中国政府网站优秀奖、外文版国际化程度优秀奖、创新型政务平台等奖项。

基础运行服务提供网站空间与网络保障服务、内容管理平台使用、安全管理与数据备份、网站域名支持服务，包括基础应用服务、高级应用服务和个性应用服务。其中，基础应用服务是指网站开通、页面修改支持、信息发布支持、流量分析服务、全文检索配置、培训指导与现场支持；高级应用服务是指网站全面改版、专题设计制作、移动版网站建设、电子杂志手机报编发支持、视频直播服务、网站健康监测服务；个性应用是指建言献策、问卷调查等个性互动功能开发、网站优化推广等。

网站建设服务为院属各单位提供网站建设全流程服务，全面支撑网站改版、专题建设、子站建设、个性功能应用等各类需求，提升各单位站群整体信息宣传能力。结合不同类型院属单位官方网站的定位和功能，按照新理念新标准，采用可响应设计高质量支持各单位中、英文网站改版工作。目前共建有中文门户网站共 120 个，英文网站共 118 个，采用可响应式设计（自适应 PC、Pad、手机等）40 余个。

（2）融媒体技术应用情况

中国科普博览云平台包括内容采编发系统、科普融创点传播系统、科学活动系统、科学视频系统、科学云课堂系统、SELF 格致论道系统和科普资源管理与服务系统共七个系统。其中，内容采编发系统汇聚中国科学院网络科普资源，面向公众提供科学传播服务。科普融创点传播系统为中国科学院科研科普工作者组织和创作相关科普作品提供信息化支撑服务。科学活动系统提供活动发布、活动报名、活动通知、活动签到等活动全流程服务，支持研究所和机构自主开展科学、科普活动。科学视频系统提供视频点播、直播服务功能，为公众提供科学微解读、科学大讲堂、科普影音厅、走进中国科学院等视频服务以及科学公开课直播服务。科学云课堂系统提供科学课程预约、科学教师培训、基地学校共建等服务，为学校科学教育提供丰富资源，以及直接接触科学家、走进中国科学院的渠道。SELF 格致论道系统提供 SELF 演讲观看、讲者推荐、观众报名等服务，传播以 SELF 为媒介的科学文化。科普资源管理与服务系统提供图、文、声、像、影各类数字科普管理与服务。

传播渠道方面，平台通过应用融媒体技术，形成了以中国科普博览网站为核心、20多个品牌自媒体为主体、100多家合作媒体为扩展的科普传播体系，以科学资源为支撑，密切联系科学家团队、创作团队与媒体渠道，以跨媒介叙事方式促进科普融合创作，传播国家战略、科技前沿、生活热点、科学知识等方面的内容，成为互联网上知名的优质科普资源提供者。目前年均阅读量近7亿，粉丝数达720多万。年均支持 110 家研究所和机构、近5000 位科普志愿者开展400多场/次科普活动，支持200多位科研科普工作者创作与传播 1000 多个原创科普作品，其中为30项院重大科技成果提供科普传播服务。

科普内容创作方面，平台拥有专业的科普内容创作团队，根据用户需求量身定制科普内容，提供科普视频、科普图文、科普 H5、科普 VR/AR 等内容创作服务。通过将生硬难懂的专业知识通俗化、艺术化，将抽象的科学原理可视化等方式，向大众传播科学知识。如 SMILE 卫星科普通过微视频创作方式，提供SMILE卫星结构和原理三维建模、空间环境和天气虚拟设计，解决了空间科学复杂抽象问题的科普化解读与可视化展示问题。该科普微视频"'微笑'卫星解密空间天气"荣获"2018年全国优秀科普微视频作品"称号和2018年北京科技微视频大赛二等奖。

科普传播方面，平台借助"一站多号广渠道"的传播体系，可为用户提供科普传播方案定制、内容传播优化、渠道适配、效果评估等服务，最终实现传播影响力的提升。以"世界第一张黑洞照片"为例，首先对选题的重大情况与热度进行评估，联合知名媒体确定传播方案；其次提前与新浪微博平台方沟通，策划并申请"世界第一张黑洞照片"新浪微博话题；最后根据创作完成的文章、视频等内容，确定传播渠道（深度解读文章通过科学大院微信发布，短平快的文章通过中国科普博览微信及自媒体号发布，短视频通过中国科普博览抖音、快手发布），并根据各渠道特点对内容的标题、摘要进行传播优化。黑洞照片公开后，微信平台、视频平台第一时间发布科普内容，其他平台随后发布，并向各大合作媒体推荐转载与互动，扩大影响力。最终取得的传播效果为微博话题浏览量达7.9亿人次，2篇文章微信平台10万+，全平台1400万+，短视频点击量3000万+。[①]

重大科研成果科普服务方面，平台依托中科院优质科研资源，形成了和研究院所"第一时间共同策划推出重大成果科普解读"的合作模式，为重大科研成果提供有力的科普服务和支撑。以中科院长春光学精密机械与物理研究所大口径碳化硅单体反射镜的科研成果为例，获知选题后，平台及时联合长春光学精密机械与物理研究所，与科研团队提前共同策划，制作完成科普解读作品《4.03米！我国成功研制出世界最大口径碳化硅单体反射镜！》。成果公布后，科普解读作品第一时间通过中国科普博览媒体矩阵在新浪微博、今日头条、网易、腾讯视频等多个知名媒体渠道推送，并积极联系央视新闻、人民日报、环球时报等合作媒体进行广泛传播。作品首周浏览量达5450万，其中各大媒体对于作品给予了报道和肯定，有力地支撑了该成果的科学传播。

重大科普活动科普支撑服务方面，平台为中国科学院院内重大科普活动提供平台支撑，连续支持全院第13、14、15届公众科学日，提供官网构建、信息发布、活动报名与管理以及活动方案、活动材料收集等支持；支持科技部和中国科学院共同组织的"科学之夜"活动，提供信息发布、活动报名等服务；支持全国科学实验展演会演，提供官网构建、信息发布等服务；支持中国科学院科普微视频大赛，提供官网构建、信息发布、大赛征选以及相关作品评审等服务；支持中国科学院创新成果巡展，建立网上展厅。平台设计和制作特色展品，积极参与国家和院内组织的各项科普活动。其中组织的

---

① 资料来源自 中国科学院计算机网络信息中心新媒体部。

"人体探秘—细胞城堡"活动被列入中国科技馆 VR 展品项，多次展览参加院科普公益性活动。"漫游FAST""漫游EAST""读点科学"等展品参加北京国际文化创意产业博览会，"神奇的剪刀—基因剪辑"等展品参加全国科普日展览。[①]

为更好促进科研人员与公众之间的交流互动，需要将复杂的科学概念用公众能理解的语言进行传播。为此，中国科学院全力打造了"SELF 格致论道讲坛"这一科学文化IP。该论坛致力于精英思想的跨界传播，由中国科学院计算机网络信息中心和中国科学院科学传播局联合主办，中国科普博览承办。SELF 是 science、education、life、future 的缩写，旨在以"格物致知"的精神探讨科技、教育、生活、未来的发展。与地方机构合作，打造了格致论道+、煮酒论道、格致少年、格致校园等系列活动，走进新疆、上海、广州、成都、苏州、香港等地，邀请当地科学家登上舞台，展示地方科学优势和特色。以 SELF+丹东为典型案例，平台联合丹东高新技术开发区管委会和丹东市科学技术局，以剧院式的科学演讲给用户带来科学与艺术的视听享受。平台提供主题策划、内容设计、演讲培训、舞美设计、视频拍摄、新媒体传播等全方位科技演讲服务，实现科技、文化与艺术传播的融合。[②]

科学云课堂是由中国科学院科普云平台——"中国科普博览"发起并组织的，面向全国中小学和科教机构建设的公益科学教育服务平台，旨在推动中国科学院高端、优质、特色的科研科普资源在学校科学教育中的落地与应用，服务科学教育的需求。科学云课堂是在中国科学院科教资源与中小学校之间搭建的桥梁，它针对中小学科学教育的需求，依托中国科学院高端科研资源优势，汇聚各研究所的科教资源，通过线上线下相结合的方式，为学校、教师、学生3类不同对象提供多元、全面、高端、权威的科

---

① 资料来源自中国科学院计算机网络信息中心新媒体部。

② 资料来源自中国科学院计算机网络信息中心新媒体部。

学教育服务。[①]

科学云课堂坚持"开放、共建、汇聚、多赢"的初衷，群策群力，不断将科研资源更好地转化为科教资源。平台面向机构（学校）提供中国科普博览示范基地管理与服务，为示范性科学教育基地和中国科学院相联结提供渠道，为学校提供更加多元、全面、高端、权威的科学教育资源。平台面向教师提供教育培训服务，以聆听资深教育专家讲座、亲临中国科学院和北京名校进行实地考察、与相关专家进行沟通交流等形式展开，拓宽教师科学教育思路，促进我国的科教事业发展。面向学生提供云课堂内容学习服务，学习内容围绕物质、生命、地球与宇宙、技术与工程四大科学领域展开。[②]

科学云课堂还向学生提供科学视频、直播课堂、科学实践课、研学旅行、SELF未来少年等科教产品和活动。科学实践课是基于6—15岁青少年的兴趣偏好与思维能力，由各院所的科学家讲解并指导学生动手实践的主题式科学课。例如，长春光学精密机械与物理研究所的"走进光的世界"科学实践课，带领学生认识光、熟知光、利用光，探讨光能否帮助神舟飞船上天。"SELF未来少年"旨在培养出一批真正爱科学、懂科学、善于表达的青少年科普演讲者。学生和科学家共同参与，围绕某一个科学主题做演讲。[③]

数字科普技术服务提供VR、AR定制服务以及三维动画制作服务。其中，VR定制服务面向"难看到、难进入、难再现"的科学场景、科学装置和科学内容，综合高分辨率720°立体成像和三维计算机图形等技术，创建封闭式的虚拟现实体验，如提供基于VR眼镜＋全景视频的便携式虚拟现实体验方案、基于htcvive的互动式虚拟现实体验方案等。AR定制服务针对科普场馆、科普展品以及科普出版物，运用AR技术直观的展示方式

① 肖云.中国科普博览科学教育行动计划［J］.中国科技教育，2019（12）：13-15.

② 资料来源自中国科学院计算机网络信息中心新媒体部。

③ 肖云.中国科普博览科学教育行动计划［J］.中国科技教育，2019（12）：13-15.

和互动方式，拓展实体展品的展示形式和内容，结合移动设备，实现随时随地实境互动。三维动画制作针对科学传播中难以直接记录和展示的科学内容和抽象的科学原理，通过三维动画和视频技术，满足成果展示和大众科普的可视化需求。中国科学院科普云平台拥有优质原创科普资源，截至目前共制作SELF演讲200多部、科普视频1000多部、科普文章10000多篇、VR展品5项、4D影片1部、虚拟博物馆73个、科技专题150个，成功建立了文化部国家文化共享工程、中国科协科普信息化建设工程和科技部科技基础条件平台。以基因编辑技术VR体验为典型案例来说明，联合中国科学院北京基因组所，共同开展基因编辑技术三维可视化建模、基因编辑操作的VR虚拟设计与实现等过程，解决了基因编辑前沿技术沉浸式虚拟互动科普相关技术问题。①

2. 科技日报社科技融媒体云服务平台

（1）报社简介

科技日报原名中国科技报，1986年1月1日由国家科委、国防科工委、中国科学院、中国科协联合创办，1987年1月1日更名为科技日报。邓小平同志曾先后为中国科技报、科技日报题写报名。1995年12月，江泽民同志为科技日报题词——"办好科技日报，为科教兴国服务"。

科技日报是中央主流媒体，是党和国家在科技领域的重要舆论前沿。科技日报社在全国设有33个记者站，在联合国及美、英、法、德、俄等13个国家和地区派有常驻记者。按照习近平总书记关于"科技创新、科学普及是实现创新发展的两翼"的要求，科技日报社已初步形成报网微刊端融合发展的"一库两翼三平台"大科技传播格局，积极推进一体化发展，努

---

① 数据来源自中国科学院计算机网络信息中心新媒体部。

力加快向新型主流媒体转型。其中，中国科技资讯库为长远发展的根基；《科技日报》、《科技日报》英文特刊、中国科技网、《中国高新技术产业导报》、《中国科技财富》杂志等主要侧重于科技创新一翼；《科普时报》、中国科普网、《前沿科学》杂志等主要侧重于科学普及一翼。

科技日报社坚持党媒姓党，忠实履行党的新闻舆论工作职责使命。报社立足科技特色，坚持科技创新、科学普及宣传并举，聚焦党中央重大决策部署、科技领域的重大战略规划政策、地方创新实践和重大科技成果等，做强正面宣传，传递党的声音；普及科学知识、弘扬科学精神、传播科学思想、倡导科学方法，推动全民科学素养提升；关注社会热点，回应科技界关切，以人为本，培育、弘扬和践行社会主义核心价值观。

近年来，报社高度重视媒体融合发展，克服重重困难，破除部门藩篱、强化内部联动，瞄准互联网主战场，通过流程优化、平台再造，有效整合多种媒介资源、内容生产要素，实现资讯内容、技术应用、平台终端、管理手段共融互通，打造具有科技特色的全媒体融合云服务平台。

（2）平台概况

科技融媒体云服务平台总体架构分为五层，自下而上分别为数据源层、数据层，能力层，服务层和应用层。其中，数据源包括不同来源的社内、社外和互联网的数据。数据层按照不同的数据格式和业务将云平台上所有数据分门别类存储并管理。存储介质主要包括融媒体主数据库、新媒体库、图片库、音频库、视频库等，后期根据实际业务进行动态扩展。能力层包括数据聚合能力、内容生产、分发能力、信息识别分析能力、复杂计算能力、分析挖掘能力、媒体运营能力。服务层包括科技资讯检索、智库服务、传播分析、新媒体分析、内容管理、舆情监测、专题服务、公号服务等。应用层提供可视化的各类融媒体相关应用，不受地域限制进行融合媒体业务操作，在现有互联网、移动互联网上实现多种终端的在线业务。

系统总体上采用微服务架构、分布式云平台和大数据技术，基于先进、成熟、稳定的平台、工具进行系统的构建和支撑系统的运行。在统一的集成框架内对应用和服务进行集成整合，实现系统的一体化运行。平台的技术架构总体分为四层，自下而上分别为数据层、服务层、通讯层和展现层。

数据层主要汇聚多端数据和中国科技资讯库的数据，按需存储。以下是每种数据库技术的具体应用场景：①MongoDB。存储非结构化、关联性弱的业务数据。如控制器下发的指令数据，监测设备收集的传感器数据。②MySQL。存储事务性数据，以及关联性将强的数据。如订单、资金、交易数据。③HDSF。存储监控设备上传的图片和视频，以及报表文件。④Elastic Search。实现ELK，存储日志数据。

服务层通过不同的时效性和需求提供例如监测、下载、上传、检索等服务。核心业务基于Spring Cloud架构实现微服务化。Spring Cloud是一个基于Spring Boot实现的云应用开发工具，它为基于JVM的云应用开发中的配置管理、服务发现、断路器、智能路由、微代理、控制总线、全局锁、决策竞选、分布式会话和集群状态管理等操作提供了一种简单的开发方式。微服务是可以独立部署、水平扩展、独立访问（或者有独立的数据库）的服务单元，Spring Cloud就是这些微服务的大管家。采用了微服务这种架构之后，项目的数量会非常多，Spring Cloud作为大管家需要管理好这些微服务。

通讯层主要保障平台的稳定运行。①基于阿里云CDN实现静态数据加速。②基于阿里云SLB，实现服务器负载均衡。③基于TCP/HTTP/HTTPS三种通信方式，实现前后端数据通信。其中，TCP基于Netty实现。

展现层提供平台的页面、App、微信等标准接口。①Web前端。基于HTML/HTML5/Vue/CSS3开发web前端页面，兼容主流浏览器。展现层和数据层完全分离，通过跨域实现前后端数据通信。②App。Android、

IOS基于原生开发。在App端实现https链路请求优化，做防盗链和DNS劫持处理。③微信公众号/微信小程序。更新业务需要，将部分数据以微信公众号+H5的方式展现。涉及硬件设备控制功能的系统部分模块采用微信小程序，增加用户操作体验和访问便捷性。④Restful接口。基于特定业务，采用Restful标准接口，对外提供数据服务。

其他平台提供严密的安全体系保障信息的安全性，包括认证系统、日志系统和会话治理等。①认证系统。采用双Token的方式完成JWT。其中Accesstoken用于用户身份认证。Refreshtoken用于当Accesstoken失效时重新生成。②日志系统。日志集中化管理，采用ELK解决方案。Elasticsearch是个开源分布式搜索引擎，提供收集、分析、存储数据三大功能。它的特点是：分布式、零配置、自动发现、索引自动分片、索引副本机制，Restful风格接口、多数据源、自动搜索负载等。Logstash主要是用来收集、分析、过滤日志的工具，支持大量的数据获取方式。一般工作方式为C/S架构。Client端安装在需要收集日志的主机上，Server端负责将收到的各节点日志进行过滤、修改等操作再一并发往Elasticsearch上去。Kibana也是一个开源和免费的工具，Kibana可以为Logstash和Elasticsearch提供的日志分析友好的Web界面，可以帮助汇总、分析和搜索重要数据日志。③会话治理。此处的会话是指Netty会话管理。实现Channel自定义会话管理，如会话监控、会话超时、会话重建等。

微服务架构：科技融媒体云服务平台采用分布式微服务架构，将各功能模块以不同的业务进行划分、分开部署。服务之间通过HTTP进行通信。这大大降低了系统的耦合性，同时也减少了因某个功能的错误而导致整个系统不可用的风险。当有功能更新时，只需将单个模块打包部署，无须重启整个项目，大大提高了用户的体验。同时对于某些对吞吐量有要求的模块，也更利于进行资源的增加、扩展。架构的选择，使系统实现了高耦合、低内聚的软件工程设计思想，提高了开发效率，使系统更易扩展，也使用户有了更好的体验。

研发框架选型：系统基于SpringCloudGreenwich版本，集成阿里巴巴的Nacos完成统一的服务注册与配置，集成Sentinel从流量控制、熔断降级、系统负载等多个维度保护服务的稳定性，使用SpringCloudOpenFeign进行远程服务间的调用，使用Gateway进行网关的统一转发。

前后端分离设计：系统设计服务端和客户端分离，使二者解耦。客户端只关注页面展示，服务端只关注数据。API接口遵循RESTFUL规范，不同的Http Method对应不同的操作，数据以JSON格式进行传输，做到了一个接口为多端提供服务，实现复用。同时为了使开发人员间更好的交流，使用Swagger生成接口文档。前端页面开发框架基于Vue+Html5+CSS3，使用ApacheEcharts做图表展示。

安全防范与系统优化：系统在软件层方面，做了很多安全性的设计。例如，采用Oauth2协议进行统一的Token下发与鉴权，保证系统安全性，使用图形验证码，防止用户密码被暴力破解，敏感信息加密传输，防止SQL、XSS注入等功能。同时，保证系统有完整的权限认证体系，确保用户对系统的安全操作。①访问安全。主机登陆采用双因素认证（堡垒机）启用访问控制功能，依据安全策略控制用户对资源的访问。根据管理用户的角色分配权限，实现管理用户的权限分离，仅授予管理用户所需的最小权限。用户访问通过CDN加速，使用Nginx做负载均衡，同时内部服务间调用也有基于Ribbon的复杂均衡框架。采用Redis做缓存，使用Druid数据库连接池管理连接资源。②身份鉴别。身份鉴别采用两种方式：一是用户唯一和地址限制；二是密码复杂度。系统设置自动发现恶意扫描和暴力破解系统账号和密码，一旦发现此类行为，会自动将恶意IP加入防火墙控制列表，同时对特权用户的权限进行分配。③系统安全。系统安装杀毒软件Agent-Core，检测可疑病毒、木马、恶意程序。④资源控制。对服务器操作系统限制终端登录、登录超时锁定、对服务器进行监控，限制用户对资源访问。

系统部署：平台采用私有云和公有云混合部署，通过在私有云和公有云之间建立加密的VPN通道，形成统一的互联互通的基础网络架构。主要考虑不同环境不同技术需求，在技术和成本中寻找最合适部署方案。其中生产环境、测试环境、备用环境中的各服务、数据库、中间件等部署在报社自建机房的私有云华为超融合中，针对社外的业务服务部署在公有云上。同时包含系统备份、CDN加速等，使整个系统安全可靠。整个平台硬件环境为华为超融合服务器，主机配置为10核CPU、16G内存、55GB硬盘。软件环境操作系统基于CentOS7.5，中间件使用Nginx，数据库为MySQL8，开发环境基于JDK1.8。编程语言使用Java+VUE2+HTML5+CSS3，使用Eclipse作为集成开发工具，并结合Maven作为包管理工具。①

（3）融媒体技术应用情况

融媒体矩阵建设方面，科技日报社一是以"一库两翼三平台"建设为抓手，推进媒体融合向纵深发展。2021年，加快建设以中国科技资讯库为根基，科技创新和科学普及为两翼，科技日报移动端门户、PC端门户、报纸端门户为三平台主体的"一库两翼三平台"新型传播架构，建设融媒体传播矩阵。二是移动端建设扎实有序推进，中国科技资讯库建设取得明显成效。中国科技资讯库采集科技信源超1万个，日增科技资讯达20万条，资讯库存量超1亿条，并开展数据服务和应用服务，为科技日报社各端赋能，支撑报社媒体深度融合发展。②

---

① 　王理瑞，聂炎，李腾飞.以科技融媒体云服务平台建设探索全媒体融合技术发展之路. 中国新闻技术工作者联合会2021年学术年会论文集［C］.中国新闻技术工作者联合会2021年学术年会，2021：224-229.

② 　科技日报社社会责任报告（2021年度）［C］.中国科技网，2022-5-23.

融媒体报道方面，科技日报社一是探索新表达，策划制作科技特色鲜明的融媒体产品。以短视频、直播、H5、AR、线上展览等形式推出国家科技成就虚拟展馆、科普教育直播等产品，提高科技创新和科学普及宣传影响力。二是增强用户参与感，实现线上线下"零距离"互动。"新闻+话题"运营模式得到较好应用，先后打造出5条破亿微博话题，其中#百名院士入党心声#话题在2021年"七一"前夕，保持热搜置顶展示，话题量、全网播放量均超亿次。联合腾讯推出的H5互动产品"神舟十二号，欢迎回家"，浏览量达1.2亿次，187万用户参与"点亮神舟十二号回家主题画面"活动。三是加强技术支撑，探索AR和短视频创新表达。推出建党百年庆祝特刊《百年征程 创新答卷》，以8个版的篇幅，回顾在党的领导下百年来中国科技发展历程及成就，并首次以AR形式进行展示，将建党百年报道推向高潮。同时，做好线上展览展示项目，建设国家科技成就虚拟展馆，搭建交互式、沉浸式展示平台，已完成高新区、清洁能源等展馆近300个成果展示。四是立足科技特色，打造视频直播特色长板。2021年中国科技网共计直播254场次。为加深社会公众对"双碳"目标的理解，策划"碳路3060"系列直播，首期节目"走进世界最大水电清洁能源走廊"播放量超580万次。联合北京天文馆、中国科技馆、自然博物馆、古观象台等部门开展"解密宇宙的语言——引力波""平行宇宙直播课""生物多样性"直播，播放量超2000万次。空间站太空授课直播曝光量超3000万次。①

融合采编平台建设方面，科技日报社面向新型主流媒体建设需求，积极推进媒体融合采编平台建设，完善新闻稿库，建立移动化、智能化、一体化全媒体采编系统，实现了报社新闻资讯"统一入库，各取所需"的目标。制定科技日报社全流程一体化采编工作机制，完善全媒体采编流程。重点选题策采编发实行"一张表走到底"，各平台统一响应，发挥新闻传播最大效能。组建"科抖工作室"，面向科技创新和科学普及，加大音视频内容一体化生产。①

3. 北京科技报社融媒体平台

北京科技报社创立于1954年，是新中国历史最悠久的科技传媒，由北京市科学技术协会主管。作为全国科普教育基地，报社以科技媒体为平台，提供原创的、权威的、贴近生活的优质科普资源。经过60余年的积极探索，北京科技报社已经从一个单纯的平面出版媒体转型为拥有了音视频制作、信息化技术、科学展览展教、线上线下创意执行等多种服务能力的融媒体。②

2004年1月，作为北京市文化体制改革试点单位，北京科技报社开始尝试"管办"分离的办报模式，由北京市科协和北京青年报社强强联手，主管主办新《北京科技报》，以"尊重职业，尊重创造，终生学习，精诚合作"作为团队文化，传承《北京科技报》的优良传统，融入《北京青年报》的创新精神，开始了打造中国科普传媒品牌的探索之路。在改版之初，首先推出"阅读科学也是享受""科味与人味完美结合"的办报理念，第一次将娱乐科技、享受科技的概念在中国的科技媒体上体现，鲜明地突出科学精神，注重视觉阅读的美感。2007年9月，在相关部门的支持下，报社进行了一次包括发行、内容、运营等方面的市场调研，根据调研结果进行了第二次改版，将读者定位为以领导干部公务员、科技工作者等为主体的"学知型"人群，致力影响有影响力的人；将内容定位为科学领域和科学精神的探索。形式上创造性地将报纸的丰富性、时效性与杂志的精美可收藏价值完美融合，改为小、薄、精美的周刊。2011年，改造升级推出《科

① 科技日报社社会责任报告（2021年度）[C].中国科技网，2022-05-23.

② 内容来源自北京科技报社官网"报社简介"。

技生活》周刊，聚焦民生科普和科技创新，提出"科学还原真相、科技引领生活"，受到核心读者群的认同与肯定。2015年，与美国历史最悠久的科技期刊《大众科学》（*Popular Science*）合作，独家推出中文版，贴近世界，贴近未来，把国际最新的科技信息内容介绍给中国读者。

目前北京科技报社拥有一支百余人的工作团队，逐步从一个纯粹平面出版媒体，演变为拥有采编、策划、创意执行、音视频开发、信息化技术、科学展教等多种服务能力的"北科3.0"形态。报社不仅注重在尖端科学和大众科普之间建设桥梁，担任"翻译"工作，同时联合相关社会组织、企业及媒体等伙伴，为社会提供各类优质科普资源，极大提升科学传播能力。通过与相关单位及部门合作，为政府提供科学决策参考，出版个性化科普读物，每年报社出版各类期刊、图书达330万册。组织线上线下科学传播活动，如开展各类科普竞答活动、中国科普好歌曲征集评选、广场科普跳起来、百村提素行动、"愤怒的小鸟"主题科普活动等。加强社会参与，助力科普资源产业和科技创新产业发展，讲述科研人员和科技创新企业代表人物的"中国故事"。积极进行信息化实践，探索"一网一端两微多平台"的信息化发展模式等。2015年，北京科技报社被评为全国科普教育基地科普信息化工作优秀单位（见图3.5）。

图 3.5　北京科技报网页界面

（1）平台概况

北京科技报社通过大胆的传播方式改革和创新，走出了一条截然不同的立体化融媒体转型之路。报社利用O2O（线上到线下）立体化融合传播模式，打造"一刊一网两微多平台"及线下的系列品牌活动，拉近科学与公众的距离，将科学知识、科学方法、科学精神更为亲切有趣地传递给受众，形成高效互动、双向循环的传播新模式，为自身发展迎来新契机，同时也为科技媒体界的科学传播带来新气象。[①]报社在"事业转企业"改制之后，依然立足精品内容生产，拒绝泛娱乐化的社会风气，坚持"科学普及与科技创新两翼齐飞"的公益责任和理念。此外还积极探索市场化的运营方式，借助新媒体和新兴技术工具，不断创新传播方法和渠道，提升传播效果。目前，北京科技报社已经从一个单纯的平面出版媒体，转型成为拥有了音视频制作、信息化技术、科学展览展教、线上线下创意执行等多种服务能力的融媒体平台。

（2）融媒体技术应用情况

平台建设方面，《北京科技报》建设了最早的网络科普阵地——科技生活网站，构建了全新的"科普万花筒"、科学传播综合页。科技生活网站主界面主要展现《科技生活》周刊的精品内容，其他栏目版块主要有推荐、专题、活动、图片、视频、游戏。受众可以根据自己兴趣爱好自行选择进入相应模块，了解相关知识、资讯或是进行游戏互动等。

内容生产方面，平台将审核过程变成多线程并行，在确保舆论导向正确、科学信息准确的同时，视频审改效率提升3倍以上，项目周期至少缩短2/3，快速出片，实现高效"三审三校"，大幅提高内容生产效率并降低人力成本。报社内部的多轮审核被简化成了一轮。后期完成视频后，将审阅链接分享到报社内部群中，无论是视频编导、报社记者、编辑、项目负责人，还是报社领导，都可以直接打开链接，在视频上进行批注，所有修改意见都汇总在一起，所有人都能实时了解大家的想法。如果意见有冲突，马上就可以进行一对一沟通，改不改、怎么改，很快就能将修改意见明确

①　方小白.《北京科技报》在新时期下的传播实践探析［J］.科技传播，2017，9（4）：7-8.

下来。即无论是报社内部审核，还是外部确认，在完成一个视频版本之后，只需要通过一个审阅链接，就能一次性汇总所有修改意见。①

传播渠道方面，《北京科技报》开通了"掌上科普"和"科通社"官方认证的微信公众号，这也是《北京科技报》向新媒体进军的标志。目前科通社及掌上科普的粉丝量已达60余万人，全年推出科普文章1000余篇，为公众提供了大量的前沿科技、医疗健康、安全防护等知识。同时，部分文章开通"评论"功能，受众可以在第一时间将信息反馈给传播者，从而实现了传播过程的双向互动，提高了受众的参与度和活跃度。此外，《北京科技报》开通了"科学加"新浪微博，借助新浪微博的开放性，使传播渠道更加广泛。通过微博与粉丝更加密切互动，拉近科学传播与受众的距离，让科学传播更"接地气"。《北京科技报》入驻"今日头条""天天快报"，开设账号，借助平台传播力，以优质科普内容和多样的表现形式（文字、视频、动漫等），吸引了大量受众阅读，部分社会热点科普内容点击量高达百万级。②"科学加"App是北京科技报社开发的一款集专业性、权威性、实用性、服务性于一体的科普资讯应用平台。"科学加"App围绕医、食、住、行、用、玩，提供新鲜前沿的科技资讯、推荐有趣好玩的科普场馆、科普活动，为公众提供一个移动端的科普资讯学习、沟通、交流平台，让公众即时、便捷地进行阅读和参与话题讨论。同时，"科学加"App还开通了在线直播功能、科学号平台，完成了从单纯的内容生产窄传播到为各类优质科普信息搭建传播平台的宽传播。

---

① 一条视频改30版？分秒帧让"三审三校"不再成为融媒体的效率杀手.［EB/OL］分秒帧.2023-09-24.

② 方小白.《北京科技报》在新时期下的传播实践探析［J］.科技传播，2017，9（4）：7-8.

第四章
科学普及示范平台的评估与优化

一、评估方法与指标

（一）评估方法概述

科普评估是推动科普事业发展的重要手段，是对科普目标及其他特定因素进行分析、度量、评估、判断的过程，通过了解科普活动或评估要素的状态和存在的问题，以改善科普活动现状，引领科普工作规范、健康、可持续发展。[①]2002年《中华人民共和国科学技术普及法》颁布，在教育、科技领域评估制度建立完善的契机下，我国开始逐步建立和完善科普评估制度，重点开展了科普能力和科普效果方面的评估。实践表明，科普评估对合理配置科普资源、促进科普系统的自我调节和良性循环、提升科普管理水平、推动科普理论发展等具有重要意义。2022年9月，中共中央办公厅、国务院办公厅联合印发《关于新时代进一步加强科学技术普及工作的意见》，明确提出加强科普规范化建设，完善科普工作标准和评估体系，适

---

① 杨文志，吴国彬.现代科普教程［M］.北京：科学普及出版社，2004：80-281.

时开展科普督促检查工作。

1. 科普评估的理论依据

开展科普评估的理论基础源自科技和教育等领域，以评估教育效果的泰勒模式、评估科技研发经费使用效率的"投入－产出"模型、评估公共政策绩效的"4E"模型为代表。泰勒模式又称行为目标模型，由"教育评估之父"拉尔夫·泰勒（Ralph W. Tyler）等人于20世纪30年代提出，以目标为中心，通过考查学生行为化的成就衡量教育目标的实现程度。该模式规定的主要评估步骤包括：根据需要确定目标，拆解目标并对每个目标加以定义，确定每个目标的达成条件，确定科学可操作的评定方法，收集资料与行为目标相比较，得出判断并运用评判结果（见图4.1）。科普评估实践中，泰勒模式多被用于评估科普活动的效果。"投入－产出"模型是综合分析经济活动中投入与产出之间数量依存关系的数学模型，最早由美国经济学家瓦·列昂捷夫（W. Leontief）提出。"投入－产出"模型主要通过编制投入产出表及建立相应的数学模型，反映经济系统各个部门（产业）之间的相互关系，由投入产出表和根据投入产出表平衡关系建立起来的数学方程组两部分构成。其基本特征表现在三个方面：以生产为中心，模型的结构性，方法的系统性。应用于科普评估领域，通常以科普人员、科普场馆和科普经费作为科普投入的要素，以科普传媒、科普活动作为科普产出的要素，评估一个国家或地区的科普能力。"4E"模型由美国计算机科学家福林（Flynn）等人于1997年提出，"4E"指的是经济性（economy）、效率性（efficiency）、效果性（effectiveness）和公平性（equity）4个维度，多被用于公共服务相关的绩效评估。在科普评估领域，经济性主要体现在科普人员、场地、经费等投入方面，效率性主要体现在科普场地的年接待人次、科普活动的单次参加人次、科普图书期刊的单品种发行数量等方面，效果性主要体现在科普场地的数量、科普活动的举办次数、科普读物的发行量、科普活动参加人次等方面，公平性主要体现在每万人拥有科普人员数、科普志愿者数、人均科普经费等方面（见图4.2）。这一模型的引入为评估科普工作整体成效提供了思路。

图 4.1　教育评估的泰勒模式

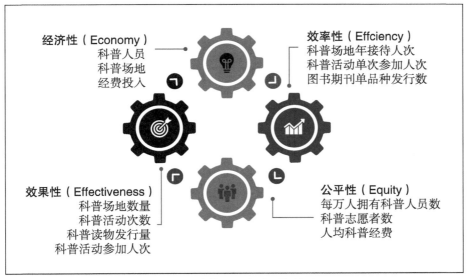

图 4.2　科普评估的"4E"模型

2. 科普评估的类型

鉴于科普目的、要素的复杂多样，科普评估按照不同的评估维度形成了多种类型。从评估对象角度看，可分为科普政策评估、科普项目评估、科普场地评估、科普能力评估等；从评估主体角度看，可分为自评估、第三方评估等；从时间顺序角度看，可分为事前评估、事中评估和事后评估。具体实践中的科普评估类型以科普政策评估、科普项目评估、科普能力评估、科普效果评估、科普场地评估等为主。

科普政策属公共政策范畴，开展科普政策评估需遵循公共政策评估的理论和方法。通常，公共政策评估包括事前评估和事后评估。事前评估用以确定实施方案，事后评估对实践后的政策进行评估。事后评估又包含效能评估、效率评估和执行情况评估三种类型。效能评估主要是通过对预期政策目标与实际政策效果的差距性分析，确定政策的实现程度。效率评估主要通过分析政策投入与政策效力或政策投入与政策产出的比例关系，确定政策的合理化程度。执行情况评估是要分析政策执行过程中的执行行为和执行措施是否按照设计的要求进行。目前，我国的科普政策评估多属于事后评估，即对科普相关法规政策贯彻执行情况及效果的评估，如对《全民科学素质行动计划纲要（2006—2020年）》和《科普法》实施效果的科技创新体系评估，以服务构建和改进科普工作顶层设计。①

科普项目是指在一定时间和一定预算内，为达到一定目的而组织实施的科普活动或任务，依据传播途径和形式的不同，可分为展览项目、媒体项目和城乡社区及青少年科普活动。科普项目评估是指对科普项目的必要性、可行性、组织实施过程、影响和效果等进行判断及评估，以提升项目

---

① 邵华胜，郑念. 我国科普评估的基础理论和发展方向［J］. 今日科苑，2023（1）：15-22.

的管理效率。科普项目评估通常分为项目实施前的预评估、实施过程中的形成性评估和完成后的总结性评估。根据项目评估者的来源，也可将项目评估分为自我评估、第三方评估和参与式评估。

科普能力是一个国家或地区向公众提供科普产品和服务的综合实力，主要包括科普创作、科技传播渠道、科学教育体系、科普工作社会组织网络、科普人才队伍以及政府科普工作宏观管理等方面。[1]科技部等八部委发布的《关于加强国家科普能力建设的若干意见》中将国家科普能力定义为"一个国家向公众提供科普产品和服务的综合实力"。在相关的研究中，翟杰全将国家科技传播能力定义为：一个国家所具有的有效整合科技传播力量、高效配置科学技术信息资源的一种能力，体现为一个国家有效传播科学技术知识、广泛扩散科学技术成果的实际效能。[2]开展科普能力评估是为了体现一个国家或地区开展科普工作的基础，把握科普工作总体状况。自2017年以来，中国科普研究所每年组织出版《国家科普能力发展报告》蓝皮书，从科普人员、科普设施、科普投入、科普传媒、科普活动等维度对我国的科普能力进行总体评估，分析各要素对科普能力的影响，从而引导科普能力发展。

科普政策评估是评判政策的宏观效果，与之不同的科普效果评估则主要是评判具体活动的效果，属于事后评估。狭义的科普效果评估专指评估科普活动对受众产生了怎样的影响，广义的科普效果评估还包括评估科普活动对科普工作人员产生的影响，具体体现在科普活动对受众在知识、情感、态度、行为层面产生的影响，以及科普活动对组织者和服务者产生的影响。科普场地包括科普场馆、基地等，是开展科普活动的主阵地。开展

① 王刚，郑念.科普能力评估的现状和思考［J］.科普研究，2017，12（1）：27-33.
② 佟贺丰，刘润生，张泽玉.地区科普力度评估指标体系构建与分析［J］.中国软科学，2008（12）：54-60.

科普场地评估的主要目的是提升科普场地的服务水平，主要内容涉及科普设施、组织管理、人才队伍、科普活动、科普效果、宣传报道等。目前，我国颁布的《科学技术馆建设标准》为评估科技馆建设项目设计方案提供了依据，《全国科普教育基地认定办法》为科普场地的认定评估提供了基本遵循。[①]

3. 科普评估的基本方法

科普工作是一个复杂的社会工程，科普活动所涉及的范围很广，因而科普评估也具有复杂性和高难度性。国外许多国家都十分重视对科普效果的评估，也开展了诸多的科普评估活动，但是科普评估研究落后于实践。如美英等国家大多是对科普评估实践活动案例进行定性分析。美国国家科普基金会专门设立评审委员会，该委员会由外部专家组成，由同行评议科普项目的绩效。另外，国外科普活动效果评估机制推崇第三方评估，评估手段以网络调查、问卷调查、访谈及观察法等为主，效果评估的主要指标包括活动的社会影响，活动引发的公众态度、行为层面变化等。

我国科普评估工作起步较晚。中国科普研究所是国内最早开展科普评估研究的机构，该所于 2000 年开始酝酿、设计、申请科普监测评估方面的课题，2002 年正式立项并开展研究，2003 年形成了初步的研究成果《科普效果评估理论和方法》。该书作者郑念等开发设计了科普效果评估指标体系，并对全国的科普效果分省、分区域进行了试评估。[②]

我国科普评估采用定性和定量结合的方法。基本的定性方法包括德尔菲法、层次分析法等。德尔菲法（Delphi）也称专家调查法，是以专家作

---

① 邵华胜，郑念. 我国科普评估的基础理论和发展方向［J］. 今日科苑，2023（1）：15-22.

② 刘波，任珂，王海波. 科研院所科普效果评估指标与方法探讨——以中国气象科学研究院为例［J］. 科协论坛，2018（2）：6-9.

为索取信息的对象，依靠专家的知识和经验，由专家通过调查研究对问题做出判断、评估和预测的一种方法。在科普评估过程中，该方法多被运用于评估指标的建立和相应权重的赋值。层次分析法（analytical hierarchy procers，简称AHP）是对人们主观判断进行客观描述的方法，其基本原理是对复杂的问题进行分解，通过分析、比较、量化、排序等过程，形成多层次的分析结构模型。这种方法能把决策过程中的定性与定量因素有机结合在一起，用一种统一的方式将思维过程量化，从而解决多目标、多层次和多准则的问题。定量方法包括主成分分析法、数据包络分析法、灰色关联分析法等，多用于科普能力的评估研究（见图4.3）。主成分分析法（principal component analysis，简称PCA）的基本思路是通过构造原变量的适当线性组合，以产生一系列互不相关的新变量，从中选出少数几个新变量并使其含有尽可能多的原变量带有的信息，使得用这几个新变量代替原变量分析问题和解决问题成为可能。数据包络分析法（data envelopment analysis，简称DEA）是在相对效率的基础上提出的一种线性规划方法，用于评估同类组织工作效率的相对有效性。它把单输入、单输出的工程效率概念推广到多输入、多输出的同类决策单元（decision making unit）的相对效率评估中，在避免主观因素、简化算法、减少误差等方面具有优越性。灰色关联分析法（grey relation analysis，简称GRA）是一种多因素统计分析方法，以各因素的样本数据为依据，用灰色关联度来描述因素间关系的强弱、大小和次序，主要是分析各个组成因素与整体的关联大小，其操作对象是各因素的时间序列。而对于多指标综合评估对象，可以把比较序列看成由被评事物的各项指标值构成的序列。参考序列是一个理想的比较标准，受到距离评估方法的启示，选最优指标数据和最劣指标作为参考数列，通过比较各个评估方案与最优和最劣方案的关联程度，来评估各个方案的优劣。①

图 4.3　科普评估方法

随着科普评估实践研究的进一步深入，科普评估与其他领域的交叉融合越发明显，一些新的理论模型也被引入科普评估研究领域，如分形模型、吸引子视角、投影寻踪模型、扎根理论、"4E" 绩效评估模型等。特别是"4E" 绩效评估模型，其从经济性（economy）、效率性（efficiency）、效果性（effectiveness）和公平性（equity）的角度对科普工作展开评估。

4. 科普评估的发展方向

科普评估的目的是促进科普事业的持续健康良性发展，因此，科普评估要围绕科普工作的重点展开。以习近平总书记提出的"科技创新、科学普及是实现创新发展的两翼，要把科学普及放在与科技创新同等重要的位置"的创造性论断为标志，我国科普事业进入高质量发展新阶段，一系列政策措施出台落地。如2021年6月，国务院印发了《全民科学素质行动规划纲要（2021—2035年）》（以下简称《科学素质纲要（2021—2035年）》）；2022年8月，中宣部、科技部、中国科协联合印发《"十四五" 国家科学技

---

① 邵华胜，郑念. 我国科普评估的基础理论和发展方向［J］. 今日科苑，2023（1）：15-22.

术普及发展规划》（以下简称《"十四五"科普规划》）；2022年9月，中共中央办公厅、国务院办公厅联合印发《新时代科普工作的意见》。这些政策文件明确了科普事业发展的新要求，集中反映了接下来一个时期内科普工作的重点，也体现了科普评估的发展方向。

我国现有的科普评估体系无法满足科普事业发展的新要求，亟须转型升级。一是加强科普政策评估。针对落实"科学普及与科技创新同等重要和构建社会化大科普格局"的新要求，国家和相关部门出台了一系列政策加以引导和落实。为检验掌握科普政策的执行情况、效率和效能等，加强科普政策评估是新时代科普评估的首要任务。一方面要注重政策评估的规范化和制度化建设，加强科普政策评估的理论研究，重视事前政策评估环节，建立定期评估机制；另一方面要注重政策评估反馈的时效性和地域性，厘清政策在不同时期和地区的效用，因时而异、因地制宜地及时调整政策。二是扩大科普能力评估。面对加强科普能力建设的新要求，反映科普能力的要素越来越多元化，尤其在全媒体时代，依托网络开展科普正成为必备的新兴能力。因此，在科普能力评估中，要重新审定反映科普能力的评估要素，在投入和产出相关指标的基础上，充分考虑当前科普的新特点，将信息化、科技资源科普化、国际交流与合作等纳入科普能力评估范畴。三是强化科普效果评估。面对突出科普价值引领作用的新要求，科普承担着服务人的全面发展、服务创新发展、服务国家治理体系和治理能力现代化的新使命。在以往强调科学知识普及效果的基础上，科普效果评估要拓展科学精神和科学家精神弘扬效果的评估，助力营造科学理性的社会氛围；着重加强科学精神和科学家精神弘扬效果评估的理论研究，寻求抽象精神具象化进而量化的途径。四是完善科普项目评估。面对科普工作融入经济社会发展全局的新要求，科普项目作为推进科普工作的重要抓手，在重视绩效管理的基础上，应全面审视其在经济社会发展中的作用，从而合理科学地释放科普的经济潜力。在项目评估过程中，一方面要注重评估科普项目在经济社会发展中的总体定位，理顺科普项目在经济发展中的作用；另一方面要严格遵循预评估、形成性评估和总结性评估的制度流程，注重在评估过程中加入反映科普促进经济发展状况的指标，推动科普项目融入经济发展大局。

（二）评估指标设计与应用

1. 指标体系构建原则

根据融媒体背景下科普工作的创新要求，要结合典型科普平台的创新手段、特点，遵循科学性、系统性、综合性、可操作性、稳定性原则，制定符合国情、时代及科普工作实际的评估标准，从而引导科普示范平台发挥各自的特色优势，更好地开展科学普及工作。最终目的是促进科普示范平台的质量提升、效益增长和价值创造，最大化发挥科普示范平台的综合效能，为创新发展提供原动力。

（1）科学性原则

支撑创新发展的科普示范平台效能评估体系，首先要符合科学传播规律和科技创新发展规律，采用科学的方法和手段，定性和定量相结合，指标能够通过观察、测试等方式得出相关结论，以便真实有效地对科普示范平台的科普效能做出评估。

（2）系统性原则

以习近平总书记"两翼论"为根本遵循，在指标体系设计中坚持全局意识、整体观念，将科普与科技创新作为我国创新驱动发展整体战略的一个子系统来对待。指标体系要综合反映融媒体环境下支持科普示范平台效能发挥的基本要素。

（3）综合性原则

支撑创新发展的科普示范平台效能评估体系，是由科普、科技创新、科学传播等多种要素构成的综合体系。这些要素相互联系、领域交叉、跨学科综合，需要通过多参数、多标准、多尺度分析衡量，注重多因素的综合性分析，获得客观准确的评估效果。

（4）可操作性原则

支撑创新发展的科普示范平台效能评估体系，只有做到可采集、可量化、可比较，才具有评估的效用。这就要求在构建评估指标体系时，要尽可能将抽象化的概念指标转化为相对具体的可操作的指标。同时要考虑数据的可得性，指标数据要易于收集。最好以现有的统计数据为基础，评估指标的设计与统计指标有一定的关联性，更具有可操作性。此外，评估指标体系构建的方法应方便、直观和可行，评估过程的可靠度和评估结果的可信度应得到有效的保障。

（5）稳定性原则

科普效能的显现是一个长期积累的过程，评估指标要素的选取要具有一定的稳定性，能够反映科普示范平台长期的科普发展状况。

2. 指标体系设计思路

当前，我国已进入高质量发展阶段，科技创新的进步速度、发展水平和作用领域加速提升与拓展，科学普及的主体内涵、内容形式和客体外延不断迭代与变化，科技创新与科学普及进入到崭新的发展阶段，也时刻面临新的问题与挑战。伴随着新一轮科技革命的到来，科研范式正在深刻变化，科技创新和科学普及的价值链条形成双螺旋融合态势，二者交互推进、耦合上升，共同决定国家创新体系的效率与产出。本章以"两翼论"为根本遵循，基于科普实践"一体两翼"动力机制，在借鉴其他科普成效评估标准的基础上，结合科普实践构建科普新生态、培育创新发展新动能的"两翼"需求及创新发展要求，从科普示范平台的资源设施、科普成果、科普管理等多个维度层层分解，拟定相关评估指标。与此同时，通过专家调研与咨询，围绕科普与科技创新之间的关系，最终形成支撑创新发展的科普示范平台效能评估指标体系。指标体系共有一级指标 5 个，二级指标 20 个，三级指标 47 个（见表4.1）。

表 4.1　科普示范平台效能评估指标体系

一级指标	权重	二级指标	权重	三级指标	权重
科普活动 A1	0.25	科普讲座 B1	0.35	内容吸引力 C1	0.3
				形式互动性 C2	0.4
				受众人数 C3	0.2
				期数 C4	0.1
		科普展览 B2	0.3	次数 C5	0.3
				观展人数 C6	0.3
				满意度 C7	0.4
		应急科普 B3	0.35	次数 C8	0.55
				覆盖人数 C9	0.45

续表

一级指标	权重	二级指标	权重	三级指标	权重
科普传播 A2	0.3	科普传播渠道 B4	0.3	"两微一端"传播矩阵应用 C10	0.35
				短视频、直播传播渠道应用 C11	0.35
				广播、电视、新闻等媒体平台应用 C12	0.2
				其他传播媒体渠道应用 C13	0.1
		科普频道 B5	0.2	更新频度 C14	0.6
				访问量 C15	0.4
		媒体融合 B6	0.2	与其他平台互联互通程度 C16	0.4
				新媒体粉丝（关注）数 C17	0.3
				新媒体影响力 C18	0.3
		覆盖率 B7	0.15	区域覆盖率 C19	0.4
				群体覆盖率 C20	0.35
				机构覆盖率 C21	0.25
		国际交流合作 B8	0.15	次数 C22	1

一级指标	权重	二级指标	权重	三级指标	权重
科普产出 A3	0.15	科普报告 B9	0.1	篇数 C23	0.4
				发行量 C24	0.6
		科普书籍 B10	0.2	科普图书 C25	0.6
				科普教材教辅 C26	0.4
		新媒体科普产品 B11	0.3	科普视频 C27	0.6
				科普新闻 C28	0.4
		科普论文 B12	0.1	篇数 C29	0.4
				刊物级别 C30	0.6
		科普学术著作 B13	0.1	种类 C31	0.6
				发行量 C32	0.4
		科技成果转化 B14	0.2	项目数 C33	1
科普资源 A4	0.15	科普基地 B15	0.6	科普基地数量 C34	0.55
				科普场地面积 C35	0.45
		科普规模 B16	0.4	科普人次 C36	0.2
				科普场馆开放天数 C37	0.3
				科普巡展地点数量 C38	0.2
				科普展览产品数量 C39	0.3
科普管理 A5	0.15	科普管理队伍 B17	0.25	人数 C40	0.55
				结构合理性 C41	0.45
		科普管理制度 B18	0.25	规范性 C42	0.55
				科学性 C43	0.45
		科普管理理念 B19	0.3	科普质量意识 C44	0.55
				科普服务意识 C45	0.45
		科普定位与规划 B20	0.2	科普定位 C46	0.55
				科普规划 C47	0.45

3.评估方法及计算公式

采用定量与定性相结合、德尔菲法等来确定相应的指标及权数。根据指标对评估结果的影响程度，由相关专家结合自身经验和分析判断来确定指标权数。具体办法是邀请多位科普及传播领域的专家学者，采用讨论和发放调查问卷的形式，对各分项指标进行权重设定，结果再次征求专家意见，经过多次反复征求意见、讨论和修正后确定权数。

科普示范平台效能综合指数等于上述各指标线性加权求和。计算公式如下：

$$S = \sum_{h=1}^{p}\left[\sum_{j=1}^{m}\left(\sum_{i=1}^{n} C_i W_i\right)\cdot B_j\right]\cdot A_h$$

式中：S为科普示范平台效能评估总得分；C_i为第i个三级指标的分值；W_i为第i个三级指标在该指标层的权重；B_j为第j个二级指标在该指标层的权重；A_h为第h个一级指标在该指标层的权重；p为一级指标个数，m为二级指标个数，n为三级指标个数。其中，各指标赋值采用模糊数学记分制的方式，确定各项指标的得分，各指标的分值经过标准化处理，均在0—10分范围内，根据具体情况合理划分得分区间。

二、优化策略与建议

（一）内容优化与创新

作为承载和传播科普信息的新型媒介载体，科普示范平台应突出科学信息服务功能，促进科学理念在日常生活中得到更为普遍的认可，真正使科普成为社会创新发展的"两翼"之一。科普内容要去权威化，这就要避免使用过于专业的、学术性强的语言和表达方式，努力拉近与受众的心理距离。要了解受众需求，把握传播规律。公众需要的不是"原生态"的科学信息，而是科学服务产品信息。因此后者必须从前者中进行抽取、加工、翻译、设计和转化，使公众乐于接受、易于接受。另外，还要充分发挥科普示范平台及时、迅速、互动性强的传播优势，抓住社会热点问题，通过提高科普信息的可看性提升信息的到达率和影响力。

科普传播内容的三个重要元素是"谁在讲""讲什么""如何讲"，即科普内容的传播者、科普传播内容与科普内容传播方式。在崇尚科学的主流方向下，科普传播内容应符合本土化特定，且以精品制胜。本土化主要指的是立足于国情与社会发展现状，依托国家在社会发展层面上所出台的政策，结合区域社会发展特点，编辑符合区域公众科普需求的内容。而精品制胜主要是指精简不必要的叙事环节与表述内容，突出科普重点，强化科普传播内容的科普作用。①

1. 科普内容：强调用户思维

科普内容是科普传播的重点，科普内容是否正确，是否吸引人，对科普传播效果有重要的影响。如科普创作者们扎根自身的领域，依托专业背景，可生产具备专业水平的科普短视频，在自身专业范围之内对时事热点进行分析，以弘扬科学精神和提高公民素质为目标。科普短视频在制作理念上应体现科学性和严谨性，由专业机构制作推出的科普短视频更容易获得广泛关注。好的科普品牌也会强化科普传播的认知度。在科普传播过程中，品牌不仅具有权威性，能体现科普传播的科学性，还具有说服力和公信力。一些专业短视频制作机构制作的科普短视频更具准确性，为受众提

---

① 李媛. 融媒体时代科普传播的迭变创新：内容、形式与价值［J］. 传播与版权，2022（5）：91-93.

供了更加权威精准的内容。科普内容的传播可以体现传播机构的资源优势，例如，科普中国、中国科学技术馆、中科院之声等入驻抖音以后，利用"短视频＋科普"的传播方式，让科普知识"动"起来，其发布作品的内容更加真实，知识更加准确，具有很高的严谨性和可信度。

科普知识在传播过程中要注重价值引导，就要强调用户思维。科普面向大众，科普传播的过程中要尊重和理解用户的观点和需求，科普作者要拉近与受众的距离，通过短视频直接与受众互动。科普短视频采用直观、浅显、易懂的传播方式可以让受众感受到科学的魅力。科普传播内容要贴近受众的实际生活，根据受众的习惯与喜好来确定科普短视频的创作核心，满足受众对科普的需求。在融媒体时代，科普传播要尊重用户思维，只有关注用户的需要，才能够从根本上扩大科普短视频的传播范围并提高其影响力。科普短视频的内容涵盖了前沿技术、航天航空、医疗健康、应急避险、食品安全、能源利用等多方面。在科普短视频制作用户中，很多专业的机构，如科技公园、地球村讲解员、中科院物理所、中科院之声、科学实验大玩家、国家天文台、科普中国等，其发布的科普短视频激发了广大受众的兴趣，开阔了他们的视野，提高了他们的参与度。[①]

2. 科普选题：注重学科专业性

一方面，科普平台为科普信息的快速有效传播提供了更便利的条件。另一方面，由于信息传播渠道中"把关人"淡化甚至缺失，反科学、反常识的信息频繁出现在大众视野中并广泛传播，导致科普信息可信度下降。解决这一难题的关键就是确保信源的权威性。科研工作者掌握"原生态"的科学信息，是科学传播中最具权威性的信源。由科研工作者主导的科普

① 李媛. 融媒体时代科普传播的迭变创新：内容、形式与价值［J］. 传播与版权，2022（5）：91-93.

信息传播，能从传播链条的源头进行专业把关，确保受众获取权威科普信息，从而提升受众的关注度，增强用户黏性。科普传播过程实际上是向大众传递知识的过程，在科普传播形式上，科普平台要注重内容的专业化。相关机构和有专业背景的创作者之所以受到广大受众的信赖和喜爱，是因为他们拥有专业学科背景，具有一定的权威性，并且拥有持续创作能力，受众能够通过他们发布的内容来提高认知水平，积累知识。他们开展科普传播，能让受众在对内容感兴趣的同时，更容易理解科普内容。专业化的学科知识更容易得到受众的支持，现阶段的科普传播要深度洞察受众需求，与广大受众进行互动，以满足其对科普知识的需求。热点事件发生时，人们会将目光放在该事件上，相关机构针对热点事件进行科普，能够大大提升科普内容的传播力。[1]

3. 科普传播：高端化发展

科普传播既需要一般意义上的知识普及，又需要传播一些高端的科普知识。科普传播运用融媒体可以打破时间和空间的限制，实现科普信息的流动。在传统媒体时代，科普知识通过纸媒传播简易信息来体现价值，在融媒体时代，广大受众希望了解一些不常见的高端知识内容。

一是实现传播主体多元化。政府机构部门和专业的科普机构要承担起科普传播的主要职责，设定专门机构来创作科普作品，挖掘和推送优质科普内容，利用权威平台的优势，开展科普传播工作。科普机构应推陈出新，打造科普品牌，提高自身的知名度和社会影响力。此外还需要建设一支高素质的科普宣传团队，来促进科学知识、科学精神的传播。2021年6月，国务院印发《全民科学素质行动规划纲要（2021—2035年）》指出："加

---

① 李媛. 融媒体时代科普传播的迭变创新：内容、形式与价值［J］. 传播与版权，2022（5）：91-93.

强专职科普队伍建设。大力发展科普场馆、科普基地、科技出版、新媒体科普、科普研究等领域专职科普人才队伍。鼓励高校、科研机构、企业设立科普岗位。建立高校科普人才培养联盟，加大高层次科普专门人才培养力度，推动设立科普专业"。①科普人才既要具备专业素质，又要有担当精神和服务意识，能够结合自身特长，自觉投身到科普事业中。我国需要建立一支高水平的科普监督团队，专门负责监督与检查科普信息的真实性、科学性，能够高标准地审核传播内容，从传播源头控制科普信息的质量，在社会上营造良好的科学氛围，使大众的科学素养和科学素质得到提高。

二是提升科普内容质量。向大众提供专业权威、真实有效、广博精深的优质内容，是科普传播的主要任务。在传播过程中，首先需要对专业词汇进行深入浅出、生动形象的解释，帮助受众正确理解其科学内涵。还要聚集一批业界专家学者，设定与之相契合的科普版块，提升科普内容的质量。鼓励权威作者为受众答疑解惑，普及知识，以深入浅出的方法为受众呈现科普权威内容，吸引大众的注意力，提高科普传播的有效性。

三是创新科普传播形式。要充分发挥科普主体的能动性，顺应融媒体背景下科普传播的新特点，探索新的科普传播形式，实现科普的可视化、动态化，增强科普作品的吸引力。还要积极采用先进的信息处理技术，适应大众差异化的科普需求，实现科普内容精准推送，有效普及科学知识、传播科学思想。科普传播也要培养营销思维，让公众参与到营销过程中来，可以通过参与创作科普产品来增强用户黏性，提升用户的关注度。还需要注意综合运用重大节日活动营销、热点营销、事件营销等策略，创新科普传播形式。

---

① 国务院关于印发全民科学素质行动规划纲要（2021—2035年）的通知［EB/OL］.中国政府网，2021-06-25.

（二）传播渠道与形式优化

1. 传播渠道优化

（1）多渠道载体同步应用

融媒体时代，公众对科普的需求逐渐提升。为融合时代发展要求，顺应知识传播的潮流，科普传播实现了多渠道载体的同步应用，在不同的平台上，科普传播呈现不同形态。当前相关机构采用多种渠道载体来传播科普知识，符合我国文化传播的要求，也符合融媒体时代的发展要求。

科普渠道载体包括科普短视频、科普讲座、科普论坛等，这种多渠道载体同步应用的传播方式使科普内容融合了听觉、视觉和触觉等多种体验，为广大受众提供了良好的体验。多种载体同步操作，能够使科普传播的覆盖面不断扩大。科普短视频顺应时代潮流，既具有可看性，又能够实现持续更新。融媒体时代为科普传播提供了良好的资源条件，随着信息技术的不断发展，短视频平台形成了自己的运算逻辑，技术的进步促使短视频平台生产了众多精细化作品。在数字逻辑的帮助下，科普视频的制作更符合观众的心理诉求，很多优秀的科普短视频以智能推荐的方式被推荐给观众。每一个短视频文本的上传，短视频平台都会给予一定的流量扶持，个性化地分发给用户。这些作品的类型不同，表现形式不同，得到的流量也不同。而一些优秀短视频可以通过快速更新实现科普内容传播规模的扩大，有的在固定的时间更新，有的保持稳定的更新速度。在这样的情况下，科普短视频的传播融合了自媒体发展的优势。科普短视频作者为了保持良好的传播效果以及获得更多用户的关注，就要持续进行内容输出。内容输出实际上就是知识输出。技术和内容的高度融合强化了科普传播，凸显了融媒体时代网络传播的优势。[①]

（2）科普传播资源集成

大数据时代融媒体环境下的科普传播应重视资源集成，以数据资源库的模式基于"打通"理念构建"共融"模式。科普传播工作组织应树立"人无我有、人有我精"的资源集成理念，利用大数据技术集成资源，利用网络信息技术，探究科普亮点创新科普传播形式。与此同时，还要将平台作为科普传播的主要阵地，例如，建设公交楼宇科普影视节目、公园社区科普屏媒、"微科视"科普公众号等。

"融"是融媒体环境下科普传播的关键点。在打造科普传播平台的过程中，相关工作者应树立媒介聚合的宣传思维，促进社会各类资源媒介的聚合与共享。在打造资源聚合平台的过程中，首先应重视政府、媒体、公益组织等相关主体力量的汇集，并发挥出聚合平台的教育作用。鼓励社会公众在聚合平台中开展良性互动，在调动民间参与积极性的同时优化各相关主体对科普参与者开设微博博客等的引导，继而形成社会合力，推动科普传播覆盖面的提升。其次应针对各相关主体"各自为战"的问题采取针对性的解决措施。建议开放各渠道交互的空间，打破各渠道之间的界限，将各平台各渠道融合至科普传播资源聚合平台之中。受众在检索科普知识的过程中，可通过资源聚合平台跨越至不同"子平台"进行相关知识的浏览与阅读。将科普资源聚合平台作为一个主系统，将微博、博客、微信公众号等作为子系统，将政府、媒体、公益组织等作为科普宣传主体，各宣传主体可自主选择在主系统或子系统中进行科普知识的宣传，从而在资源聚合平台之中搭建各渠道交互、竞争桥梁的同时，使社会公众、子系统、主系统三者之间真正地实现融合，促进科普信息资源

① 李媛. 融媒体时代科普传播的迭变创新：内容、形式与价值［J］. 传播与版权，2022（5）：91-93.

的优化配置。最后，资源聚合平台还应实施 O2O 的运营模式，在线上进行媒体推广，在线下进行活动推广。近年来，我国资源聚合平台的应用已取得了显著成效。例如，"中国科学技术协会"的科普知识信息传播与资源共享的平台——科普中国，其作为资源聚合平台为受众提供了更为全面的科普知识讯息。此外，资源聚合平台的打造还应重视不断探索、跨界延伸，在打破传播媒介渠道之间界限的基础上侧重于各类传播渠道的拓展。我国的浙江省曾针对科学传播设立了"科学 +"的品牌活动。该活动的主要形式为科学传播知识与各媒体之间的合作，现有的品牌活动主要有"科学 + 华数字电视""科学 + 浙江新闻客户端""科学 + 腾讯大浙网""科学 + 都市快报"等。此外，浙江省在科普传播资源聚合平台打造的过程中还设立了"最强科学 +""科学训练营"等品牌活动。浙江省在资源聚合平台建设方面的成功经验具备较强的借鉴意义，能够为区域科普传播资源聚合平台建设提供参照。[①]

依托融媒体平台，开拓科学传播渠道。科学传播可借助融媒体平台，开展媒体对接工作。在实践中要打破工作壁垒，形成科普资源、科学传播的再造流程。具体来说，就是将多元化要素进行深度融合，利用多个渠道共享资源，使得媒体之间形成互联互通的局面，最终实现资源持续正向流动的目标。根据多样化新闻产品受众的特点，形成一次性采访写作、多次多元化编辑生成以及多平台多渠道运用的模式，以平台用户为目标进行交流，通过技术和渠道的优势吸引科普工作相关人员，目的是促进科普生态规划，设计和完善整个产业链。融媒体平台为科学传播拓展更有前景的发展空间。在这样的发展背景下，如何将科普信息和科学传播有效地变化为具体的产品成为一个重要的课题。媒体融合需要具化成产品，

① 刘泽林. 大数据时代融媒体环境下的科普传播探析［J］. 传媒理论，2021（12）：34-36.

引导科普示范平台开发相应的科普产品，通过融媒体中心的技术赋能，将科学传播融入产品形态，形成科学传播专栏等内容形态。在"中央厨房"模式下的科普资源建设，一方面保证了科学知识有很好的具化形态，如讲座、视频、动漫等，另一方面可以较好地弥补内容生产的不协调问题，同时也有更多的普适性，减少各融媒体中心在科学传播中对内容的专业性审读问题。[①]

采用大数据技术，进行数据分析反馈。与以往不同，当前在融媒体的整体设计框架中，平台本身带有统计与监测功能，不需重新建设。数据是为决策服务，为科学传播效果提供支撑功能，各融媒体平台可以有效利用该项功能。首先，挖掘各级融媒体平台上汇聚的科学诉求。可引导省级平台开发相应的科普产品，通过融媒体中心的技术赋能，将科技传播融入产品形态，形成科技传播专栏等内容形态，为融媒产品的智能生产和精准传播成提供依据。其次，综合评估媒介力量。通过大数据精准获取科技传播的资源、资讯、产品的传播效果数据，进行传播效果分析，为更有效地创作科普产品、选取科普内容提供数据支撑。[②]

2. 传播形式优化

（1）以可视化形式创新呈现方式

融媒体时代，科普传播实现了可视化，相关机构采用可视化的形式让科普传播更加符合受众的需求。基于互联网技术和计算机技术，数字媒体得到快速发展。数字媒体的应用领域非常广泛，给新兴学科知识的传播带

① 武丹，齐佳丽，任嵘嵘.融媒体环境下科学传播的再思考［J］.科技风，2021（13）：88-90.
② 武丹，齐佳丽，任嵘嵘.融媒体环境下科学传播的再思考［J］.科技风，2021（13）：88-90.

来了机遇。多媒体数据库、网页设计、计算机图形处理、形象设计、后期处理等技术，在科普传播领域发挥了重要作用。图文并茂的短视频成为各个平台的新宠。科普短视频分布的领域较为广泛，相关机构发布的不同题材和不同主题的科普短视频会呈现不同的效果，如抖音平台有演讲式、记录式、动画式等多种短视频形式。数字媒体的快速发展使短视频科普行业不断迭代，科普载体快速更新促进了科普行业的快速发展。例如，相关机构的抖音账号通过动画形式来进行科普，以生动的方式与拟人化的动画来展现科普内容的趣味性，受到广大用户的喜爱，打破了传统科普传播的壁垒。动画类的科普短视频可以呈现日常生活中的内容，通过可视化的操作降低了科普成本，同时增加了科普的趣味性。除了动画，相关机构还利用 CAD、3DMAX 等软件进行科普传播，突出了科普方式的多样化，实现了科普行业的不断创新发展。科普短视频中应用建模、三维动画等技术，通过可视化的优势展现了数字媒体新的应用，采用特效的方式发挥了传播的优势。①

（2）以共情传播方式促进受众认同

共情传播是通过情绪的感染性特征来实现情感共鸣、内容共通，可以弥合科普传播中的文化鸿沟。科普示范平台具有广泛的普及使用率、社交可供性等特征，这就为共情传播提供了平台，成为提升科普传播效能的新思路。可以通过强化视觉语言、转换选题、联合优质博主的方式，做好科普示范平台的共情传播，纾解既往科普传播在实践中的困境。随着视频优先、移动优先成为各类媒体的主要战略和策略，科普短视频、科普新闻等适合科普平台播发的产品日益剧增，难免出现"同质化"和"市场饱和"，科普传播的效能提升遇到一定的瓶颈。共情传播是指共同或相似情绪、情

---

① 李媛. 融媒体时代科普传播的迭变创新：内容、形式与价值［J］. 传播与版权，2022（5）：91-93.

感的形成过程和传递、扩散过程，将传播重心置于情绪、情感之间，利用情绪的感染实现情感共鸣，达成传播内容的共通。共情传播有助于来自不同文化背景的受众弥合由知识结构、认知水平等造成的文化鸿沟，从而提升科普传播效能。

情绪感染是指个体在面对他人处境或者体察到他人情绪时，会随之唤醒自身的情绪，做出相似或者相反的情绪反应。心理学领域用"知觉—行动机制"（Perception-Action Mechanisms）来解释这种情绪反应。个体自身体验过的情绪会产生一种心理表征，当个体知觉到他人的相似情绪时也会产生一种心理表征，两种表征存在重复的部分，称为"共享表征"。个体在知觉他人情绪时，共享表征被激活，从而将他人的情绪自动转化为自己的情绪，个体因此能够体验到他人的感受。[1]在科普示范平台中，让传播内容对预期受众进行情绪感染，是做好共情传播的第一步。

科普示范平台在内容推送时偏向使用具有视觉冲击的呈现方式，并配上符合科普示范平台特征的用语，借助互动方式，如评论、弹幕、转发等，此举有助于牢固锁定被吸引的用户注意力。也正是在此过程中，用户初步完成情绪感染，和内容主体共同进入情感的共通意义空间，从而为下一步的态度认同做好铺垫。

（3）以社交分享形式引导公众参与

相较于以往的"我传你受"而言，大数据时代融媒体环境下打造的科普社交分享平台能够为受众参与科普传播提供理想的交互渠道。如果将"我传你受"视为单向互动的科普传播，那么基于科普社交分享平台的科普传播则是双向互动的科普传播。受众在社交分享平台占据着一定的主体地位，不再是被动地接收科普传播知识。在双向交互科普活动全面开展后，

① 许向东，林秋彤. 社交媒体平台中的共情传播：提升国际传播效能的新路径［J］. 对外传播，2023.（2）：13-16.

受众极有可能成为科普传播内容的创作者、科普传播的实践者。继而，科普传播由科普社交分享平台逐渐转移到了受众的科普传播，以受众为圆心向受众的朋友圈逐渐扩散延伸，从而起到了一传十、十传百的科普传播效果。例如，在大数据时代融媒体环境下"UGC"平台，依托于互联网生态环境，充分利用用户与互联网的互动性，成为日益受欢迎的使用方式。受众在此环境中的活动空间更为宽泛，可接收资讯、可自主创作撰写、可分享交流、可转载参与传播。所以此环境中的受众不仅仅是网络信息的消费者，更是网络信息的生产者、传播者。"UGC"不仅自身具备科普传播价值，同时也为受众发挥自身的科普传播社会价值提供了可能。以淘宝网站中的买家问答活动为例，当某一主体在查看中意商品质量的过程中，可通过"问大家"这一对话框进行提问，淘宝网站则将主体所提问的问题发送至已经购买过的其他买家，买家可结合自己的实际使用情况为其解答。在这一过程中，卖家也可结合产品的实际情况与使用情况为提问主体释义。互联网思维在各领域中的应用具备一定的共通性。在同样原理下，科普传播领域的"知乎网""果壳网"等网站受众可在查阅科普知识的过程中通过问答活动获得科普知识解决心中疑惑。知乎网中的各个参与主体，不仅仅涵盖资深专业人士与业界专家，还包罗了众多的知乎受众。在知乎官方网站中，受众既是科普知识的接受者，也是科普知识的宣传者。科普社交分享平台相较于上文中两个平台而言，其最大的优势在于营造了一个公众科学精神的氛围。[①]

① 刘泽林. 大数据时代融媒体环境下的科普传播探析［J］. 传媒理论，2021（12）：34–36.

三、评估与优化案例分析

（一）成功优化实践案例

以科普示范平台效能评估指标体系（以下简称"指标体系"）作为标准与参照，本书选取"科普中国"和"科创中国"等示范平台作为典型案例，聚焦指标体系中关键指标及关联要素，分析其在内容创新及传播渠道、传播手段等方面进行优化的具体举措，为科普示范平台提升科普效能、可持续发展及其他科普平台的创新发展提供实践范例。

1. "科普中国"实践案例

"科普中国"示范平台伴随着科普信息化工程诞生和发展，紧密结合社会和公众需求，从内容、媒介、用户等维度不断创新发展，充分体现了信息化发展的鲜明特征，发挥科普的社会功效。

（1）科普内容优化

内容吸引力方面，2023年科普中国网内容主题一级分类共10个，包括前沿、健康、百科、军事、科幻、安全、人物、智农、专区和资源服务。二级分类共40余个，相比于2020年版，增加了专区版块内容，包括地方科协、全国学会和全国科普教育基地中的推荐科普内容、推荐活动以及推荐科普号等分类，还增加了资源服务版块内容包括业务中心、资源中心、管理中心、资源套餐、数据排行和科普号等分类（见表4.2）。

表 4.2　2023 年科普中国网主题分类

一级主题	二级主题					
前沿	人工智能　科技潮物　数码世界　信息通信　能源材料　生物生命 重大工程					
健康	科学用药　疾病防治　心理探秘　食品安全　老龄健康　营养科学 医学救援					
百科	宇宙探索　自然地理　科学原理　释疑解惑　人文科学					
军事	军事科技					
科幻	名家动态　影视作品　科普文创					
安全	自然灾害　事故灾难　应急科普					
人物	走近大师　精彩人生					
智农	农业讲堂　科普课程　政策法规　农业技术　乡村文明　创业创新					
专区	地方科协（推荐科普内容、推荐活动、推荐科普号） 全国学会（推荐科普内容、推荐活动、推荐科普号） 全国科普教育基地（科普号分布、推荐科普内容、推荐活动、推荐科普号）					
资源服务	业务中心　资源中心　管理中心　资源套餐　数据排行　科普号					

　　形式互动性方面，"科普中国" App 进行了分类调整优化，集资讯、活动、微社群为一体，相比科普中国网，强化了社区互动和个人网络科普行为记录。一级分类为：首页、视频、+（包括活动打卡、科普活动、应急上报、谣言举报四个版块）、活动、我的，位于手机页面底端的功能区。首页顶端可显示 5 个二级分类，分别是关注、头条、健康、前沿科技和应急科普。其余分类可在手机屏幕上实现个性化排列显示，展示用户自己选择的"我的频道"，包括辟谣、科教、榜单、天文地理、博物、科幻、军事、智农、人物、专区等二级分类。此外，分类推荐还可以添加用户感兴趣的主题如社区、专题、生活百科和其他等。

　　科普专题制作方面，"科普中国"服务云是"科普中国"内容资源的汇聚平台，过去几年均以汇聚原创资源为主，自2020年下半年逐渐引入合作内容资源。纵观2020年全年，"科普中国"服务云新增资源容量约8.2TB，新增内容总数为18796个，其中包括科普图文7050篇、科普视频或动漫1920个、题库题目9826个。

科普中国网和"科普中国"App是品牌科普内容发布的两个重要渠道，表4.3是通过两种路径发布的科普信息数量统计。总体来看，科普中国网和"科普中国"App全年的发文数相差不大，均为16000多条。相比2019年，科普中国网发文数减少了8651条，制作专题数增加了9个；"科普中国"App发文数增加了4079条，制作专题数与上年度持平（见表4.3）。

表 4.3　科普中国网及"科普中国"App 2020 年发文和制作专题数量

月份	科普中国网发文数 / 条	科普中国网制作专题数 / 个	科普中国App 发文数 / 条	"科普中国"App 制作专题数 / 个
1	862	3	1611	8
2	872	1	1782	14
3	828	2	1218	10
4	426	1	1860	3
5	1149	1	1556	6
6	1051	2	1403	2
7	1483	2	1818	3
8	1610	2	1630	3
9	2084	3	1600	3
10	1632	1	692	2
11	3547	5	1141	6
12	552	6	360	2
总计	16096	29	16671	62

（2）科普传播渠道优化

"科普中国"内容传播终端包括PC端和移动端。移动端浏览量和传播量一直稳定占有七成以上份额，2020年的传播量突破了八成。不断拓展的社会化传播渠道和平台也为扩大传播覆盖面提供了有利条件。

访问量方面，2020年"科普中国"内容浏览量和传播量总计74.76亿人次。其中，移动端浏览量和传播量总和为61.11亿人次（占比81.74%，相比2019年提高了6.21个百分点），PC端浏览量和传播量总和为13.65亿人次。

科普传播渠道方面，2020年"科普中国"全年新增传播渠道82个，覆盖电视、手机、PC以及公共场所终端，包括宁夏教育电视台、湖北长江云TV、吉视传媒、泰州数字科技馆官网、澳门妇女联合总会微信公众号、山东教育电视台微博、南京地铁、成都地铁等。截至2020年12月底，累计传播渠道已达402个。

"两微一端"传播矩阵应用方面，微信、微博、App是"科普中国"的典型移动端传播路径。2020年"科普中国"App全年浏览量超3.25亿次（不含社团），比2019年增加了1.57亿次。"科普中国"微信公众号全年浏览量超2.25亿次，比2019年增加了0.75亿次；微博全年浏览量超15.27亿次（不含话题），比2019年增加了9.87亿次。（见图4.4）

新媒体影响力和粉丝（关注）方面，网络科普内容的传播量和浏览量与用户活跃程度相关。"科普中国"App注册用户有其独特性，一部分注册用户经过申请，被认证为"科普中国"信息员。这些"科普中国"信息员一方面是使用者和践行者，自己浏览科普信息，增长科学知识和提升科学素养；另一方面是倡导者和传播者，通过在微信、微博等科普示范平台积极分享传播科学内容，让科学权威的科普内容抵达社区亲朋好友，共享科学文化生活。活跃用户数量一定程度上体现了"科普中国"App内容的有效传播抵达率。月度活跃用户是"科普中国"App每月访问用户除去重复人员后的数量。2020年，"科普中国"App平均月度活跃用户为68.4万人，比2019年（35.2万人）多了33万余人。月度活跃用户数较高的月份是11月和12月，均超过100万。①

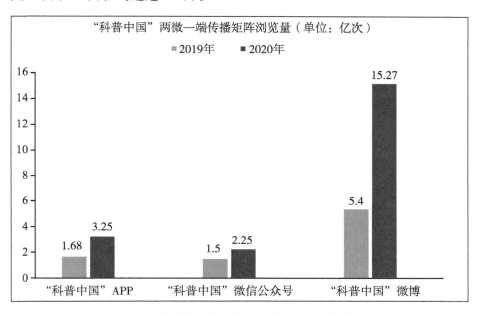

图4.4 "科普中国"两微一端传播矩阵浏览量分析

（3）重点主题内容优化

当前，科技界向着"四个面向"进军，无论是科技创新还是科学普及，都应紧密贴合面向世界科技前沿、面向经济主战场、面向国家重大需求、面向人民生命健康的总体要求，迈向社会主义现代化建设的新征程。"科普中国"内容兼顾国家科技战略和社会生活热点话题，紧密围绕公众关注焦点，科普解读作品的浏览量相应较大。同时，"科普中国"发布"科学流言榜"，综合考虑传播热度、危害程度、学科领域等因素，从另一侧面反映了大众对科学主题的关注度。

---

① 钟琦，胡俊平，王黎明. 中国科普互联网数据报告2021［M］. 北京：科学出版社. 2022（2）：29–30.

重点主题的科普解读一般围绕社会热点、应急响应、纪念性节日和节气、前沿科技、国家战略等方面开展。"科普中国"结合公众关注焦点，以直播、视频、图文、海报等方式推出科普内容。2020年的重点主题解读涵盖长征五号B运载火箭、北斗卫星导航系统卫星顺利发射、中国首次自主火星探测任务开启、东方红一号卫星发射50周年、东风一号发射60周年、应急避险、心理卫生、2020年诺贝尔奖等。"科普中国"品牌下的"科普融合创作与传播"等子项目在主题策划、创作与传播等流程形成较为成熟的运作机制，科学及时发声，形成了有影响力的、满足公众需求的科学传播。

　　电视传播渠道应用方面，进行了中国首次自主火星探测的主题科普解读。2020年7月23日，我国用长征五号遥四运载火箭成功发射首次火星探测任务天问一号探测器，开启火星探测之旅。围绕公众关注的火星探测热点，"科普中国"出品三维视频《别眨眼！5分钟3D带你看"天问一号"从发射到着陆全过程》。经历两个月的建模和近一个月的视频制作，向公众呈现了一部精美绝伦、画面高清、节奏流畅的影视级科普视频。来自行星科学、轨道工程等多个领域的科研人员全程参与，保证了探测任务从发射到着陆火星开展探测全程中每个步骤的准确再现，同时兼顾艺术与科学的巧妙平衡。视频首周观看量超过2100万，并登上当天中央广播电视台综合频道《晚间新闻》和中央广播电视总台央视新闻频道《共同关注》节目。

　　直播传播渠道应用方面，开展了长征五号B运载火箭搭载新一代载人飞船试验船的主题科普解读。2020年5月，长征五号B运载火箭搭载新一代载人飞船试验船首飞成功。"科普中国"提前与科研机构和科学家策划选题，联动视觉设计和实现的创作团队，与媒体共同策划传播时机，创作和传播多种角度的科普作品，并探索直播的传播形式，在首飞成功第一时间联动媒体率先发声，推出图文、视频、高清图片等多种融媒体作品。其中，科普视频作品《长征五号B胜！三维带你看飞船去往太空全过程！》与新闻同步在《人民日报》、央视新闻、新华社、环球网、今日头条、腾讯、抖音、新浪、网易等各大媒体上广泛传播，登上了中央广播电视台新闻频道、吉林卫视、人民日报新闻客户端首屏，首周浏览量累计过1373万人次。5月31日，"科普中国"对从太空回来的飞船上搭载的二个实验箱进行现场开箱直播活动，名为"你有一份从太空寄来的快递待开箱"。直播在微博、B站、快手、知乎、百家号及人民日报客户端、新华社客户端同步直播，直播反响热烈，直播累计观看量超过1243万。此外，还开展了北斗卫星导航系统的主题科普解读。2020年6月23日，北斗三号最后一颗卫星成功发射，北斗三号全球组网宣告正式完成。为了让公众更好地了解北斗卫星导航系统及其功能，"科普中国"项目团队于6月15日开展主题直播活动"关注主播不迷路　北斗带你上高速"，"北斗女神"、中国科学院空天信息创新研究院徐颖研究员，中国科学院大学科学技术协会吴宝俊，知名航天科普人毛新愿等多位嘉宾在线互动，针对观众问题进行解疑，呈现北斗科学应用、系统建设、军事等多个方面功能运用。直播活动与人民日报新媒体、新华社客户端、微博、哔哩哔哩、百家号、知乎、微信、今日头条、快手、抖音等多个平台合作，直播观看量超过600万。收官卫星发射成功当天，"科普中国"出品视频《假如鲁滨逊有中国北斗》（航天科技集团五院总体部宇宙速度科普协会创作），结合大众耳熟能详的故事，通过活泼生动的语言，解答北斗的作用，潜移默化地阐释了北斗建设的重要性和必要性，首周观看量达到666万。

　　短视频传播渠道应用方面，开展了东方红一号发射50周年纪念主题的科普解读。2020年4月24日是第五个中国航天日，也是我国第一颗人造卫星东方红一号成功发射50周年纪念日。在这一重大的时间节点，"科普中国"通过1分钟短视频的形式，将东方红一号的故事、老一辈航天人的精神及中国航天的发展，用活泼生动的方式展示。短视频《忆往昔峥嵘岁月，望未来航天可期——纪念东方红一号成功发射50周年》累计首周播放量

168万。同时，开展"从东方红一号到中国空间站"的主题直播活动，观看量超过660万。

（4）平台影响力提升

2020年"科普中国"紧密围绕应急科普，着力优化科普内容创作，严格科学审核，广泛开展机构联动，进一步完善"科学辟谣"平台及合作机制、精准对接地方科普需求，深化国际开放交流合作，树立科学、权威的品牌形象，社会影响力明显提升。

一是聚焦应急科普凸显新影响力凸显。围绕"两防"（防疫病、防恐慌）、"三导"（防疫辅导、心理疏导、舆论引导）、"一实"（做一批实事），中国科协联合其他部门和机构，以"科普中国"和"科学辟谣"平台为新型阵地，线上和线下相结合，全面开展抗疫应急科普工作，各类资源和服务直达基层一线，坚守科技为民服务的初心使命。"科普中国"和"科学辟谣"平台充分发挥在组织体系、内容品牌和智力资源等方面的优势，坚守科学精神，有效回应公众关切，正确引导社会舆论。例如，引导公众积极、科学接种，"科普中国"策划制作疫苗科普专题3个，疫苗知识问答卡片27张，原创疫苗科普图文11篇，原创内容平均阅读量超10万，先后精选、发布汇聚图文内容近200篇，短视频内容20余部。通过"科普中国"及其合作渠道、媒体的集中传播，新增传播量超过3000万次。"科学辟谣"平台由中国科协、国家卫生健康委员会、应急管理部和国家市场监督管理总局等部委主办，中共中央网络安全和信息化委员会办公室指导，全国学会、权威媒体、社会机构和科技工作者共同参与，致力于构建系统完备、科学规范、公众信赖、运行高效的国家级"科学辟谣"体系，形成最权威的科学类辟谣品牌。通过共建共享模式的谣言库、专家库、辟谣资源库建设，揭开"科学"流言真相，聚焦认知误区，针对性提供权威科学解读。综合考虑传播热度、危害程度、学科领域等因素，"科普中国""科学辟谣"平台评选发布月度"科学"流言榜，大部分与医疗、健康和安全领域密切相关。新媒体影响力方面，从排行榜来看，"科普中国"于2020年1月、8月和10月三次登顶人民日报"人民号"影响力排行榜总榜榜首，连续12个月登顶"人民号"影响力排行政务榜榜首。清博指数显示，"科普中国"官方微信公众号连续两周（2020年第8周、2020年第9周）位列微信指数排行榜第一。

二是广泛开展机构联动，推出优质品牌产品。与国家平台互联互通方面，2020年，"科普中国"联动国家卫生健康委员会、应急管理部、农业农村部、水利部等10余部委建立专项联络和稳定合作关系。"科学辟谣"平台与中国互联网联合辟谣平台自2月起共同发布"科学流言榜"，为打造国家级"科学辟谣"平台奠定坚实基础。在权威内容的合作上，"科普中国"和"科学辟谣"平台联动国家卫生健康委员会、中国疾病预防控制中心、中华医学会、中国科学院心理研究所等权威机构，确保权威科学内容及时转化为公众易于接受的科普形式。媒体融合方面，"科普中国"和"科学辟谣"平台与《人民日报》、新华社、央视、学习强国等主流媒体平台开展精品内容互联共享，联动支付宝、腾讯、百度、快手、新浪、喜马拉雅、知乎等30多家网络平台，发起品牌科学传播活动，涵盖了音视频、直播、虚拟现实/增强现实（VR/AR）等多种媒介形式，实现了权威内容的生产供给和优质内容的广泛传播。此外，联合人民日报社、中央广播电视总台共同举办2020年度"典赞·科普中国"活动，第一次把典赞活动搬上了央视平台，在中央广播电视总台央视科教频道首播，在中央广播电视总台央视综合频道重播。此外，"科普中国"和"科学辟谣"平台还联动中国移动、中国平安、中国核工业集团、中国广核集团、科大讯飞、比亚迪等数十家知名企业，共同探索科技资源科普化和科普助力产业宣传发展的新模式。

三是精准对接资源需求，支持地方应急科普。"科普中国"支持地方应急科普，视频资源陆续推广至各省（自治区、直辖市）和澳门特别行政区，以及1个海外渠道（迪拜），上线80多个平台，累计覆盖2.9亿人。"科普中国"服务云制作《科学防疫指南》（含挂图、电子书、海报）等云资源专题，供地方和社会机构下载。"科普中国"广泛收集基层信息员所了解到的公众需求信息，帮助各地方定制疫情防控答题内容。充分发挥信息员群的作用，最新的防疫知识等视频、挂图资源在基层以最快的速度抵达受众。针对科普供给与群众需求匹配差异问题，"科普中国"推动优质应急科普资源下沉基层，精准对接。针对"科普中国"e站后续管理和维护缺位的问题，指导全国32个省级科协在e站平台播放科普视频，为基层群众提供一站式精准服务。此外，"科普中国"打造的陕西频道上线，这是继青海频道后探索建设的第二个地方频道，结合了地方产业、人群等特色进行科普资源匹配。

四是深化国际交流合作，服务全球科学抗疫。"科普中国"积极推动抗疫科普资源服务全球抗疫，遴选个人防护、公众出行、血浆治疗等精品科普内容，翻译成英、法、日、韩等多种语言，携手中国致公党中央委员会，与69个国家和地区的国际科学教育机构开展合作，向德国、新加坡等22个国外相关组织以及海外华人华侨进行推送。联合新华社打造精品短视频《佑护》阐释"科学携手抗疫"，通过中国新华新闻电视网（CNC）等平台向境外推送，在推特（Twitter）、脸书（Facebook）等渠道上线，12小时的浏览量超过10万次。

2. "科创中国"实践案例

"科创中国"是中国科协为团结引领广大科技工作者，服务产业创新发展需求，构建科技经济融合创新生态所打造的国家级创新发展工作品牌。"科创中国"于2020年初启动实施，以数字平台为支撑，促进技术服务与交易；以试点城市为依托，服务区域高质量发展；以组织创新为核心，壮大产学研合作网络。通过两年多的品牌建设和平台化运营，"科创中国"逐渐形成了稳定的服务对象、服务内容和传播载体，具备了建立较为成熟完善的传播体系的条件，也对中国科协建设国家科技智库传播体系形成了有力支撑。

目前，"科创中国"初步构建了围绕数字平台、线上线下相结合的全媒体传播渠道，传播内容包括科技知识、科技成果、科技政策、项目信息等。同时，结合"科创中国"年会、系列榜单评选、技术服务与交易大会、技术路演活动、《院士开讲》栏目等渠道，开展相关专题宣传工作。

（1）传播渠道优化

"科创中国"组织了多样化的传播活动。一是举办"科创中国"年度会议。以2022年年会为例，科普传播渠道方面，央视财经频道《正点财经》栏目进行专题报道，央视网、央视财经官方微博等平台同步上线相关报道，微信朋友圈推送《2022"科创中国"年度会议》直播广告，累计传播次数80余万次。二是发布"科创中国""先导技术榜""新锐企业榜""产学研融通组织榜"等系列榜单，并做好入选项目后续服务，组织线上线下15场次对接会。三是充分运用数字化网络化手段组织技术路演活动。线下科普规模方面，截至2022年7月，共举办226场技术路演活动，推广1329项优质科技成果，助力创业者成长。四是举办"科创中国"系列技术交易大会、成果转化交流大会。与各试点城市（园区）、全国学会、联合体成员单位密切合作，深化品牌活动，增强业务成效。五是建设"科创中国"科技传播联合体。联合体由中国科协科技传播中心牵头建设，是由中央及地方主流媒体、网络新媒体、高校科研院所、行业协会、学会、国内龙头企业等，自愿结成的开放性、非营利、非法人联合组织。科普定位与规划方面，目标是打造以全媒体传播体系为基础的"科创中国"顶层宣传矩阵、科技产业协调支撑与科技创新服务平台。

科普传播渠道方面,"科创中国"组建了传播的自媒体矩阵,在微博、微信、抖音等第三方平台开设公众号,加大优质内容输出力度。媒体影响力方面,截至2022年7月,"科创中国"各类资讯、专题、话题等内容传播量累计达16.81亿次,其中微信公众号1027万次、微博1.06亿次、视频内容1.81亿次、三方平台13.83亿次。

（2）传播内容优化

在品牌宣传方面,"科创中国"会同抖音App等新媒体平台,倾力打造国内顶尖的知识类视频栏目——《科创中国·院士开讲》,由多位国内知名院士作为主讲人,以公开课形式,展现我国科技创新的澎湃活力,呈现科学技术的广度与深度。通过展现院士们独特的生命历程、科研探索精神,鼓励广大科技工作者积极投身科创事业。开展科普次数和传播影响力方面,截至2022年12月底,已邀请20位院士线上开讲,内容覆盖装备制造、地质研究、食品科学、航空材料、神经科学、智慧农业、数字经济等多个领域,累计传播量近2亿次,点赞量462万次,粉丝102万人。新媒体科普产品打造方面,与中国科学技术出版社共同推出新媒体产品《中科新知》栏目,基于出版社图书内容,以科创为主要内容方向,聘请院士作为主讲嘉宾,全年共推出50期。

（3）"科创中国"传播体系优化方向

一是形成全方位的传播体系。提升对技术服务与交易相关内容的传播与科技知识类内容的传播关联性、融合度,形成资源集约、结构合理、协同高效的全媒体传播体系。二是完善传播机制。对包括中国科协、试点城市（园区）、科技服务团、技术经理人和传播媒体等各方主体在科技传播中的角色、职能做出明确界定，充分发挥科技传播对"科创中国"项目的支撑作用。三是明确传播目标。群体覆盖方面，以量化的阅读量、传播量、播放量等指标为指引制定传播策略和方案。四是加强与受众的交流互动，提升传播的广度、深度和渠道丰富性。

（二）更多案例探究与分析

1."中国科普博览"实践案例

中国科普博览是一个综合性的以宣传科学知识、提高全民科学文化素质为目的的大型科普网站。它利用中国科学院科学数据库为基本信息资源，以中国科学院分布在全国各地的100多个专业研究所为依托，并扩散到全国一些著名的科研机构、科普机构，系统采集全国各具特色的科普信息，内容包括天、地、生、数、理、化等各个学科。网站将每一类科普信息重新编写脚本并组织整理成虚拟科普博物馆与科普专题，以生动形象、图文并茂的方式通过互联网对外发布，融知识性和趣味性为一体，使之成为青少年课外学习的好去处，也同时为成年人继续学习提供良好的素材。

（1）科普内容主题优化

中国科普博览网站内容主题一级分类共11个，包括首页、头条、阅读、演讲、视频、直播、活动、校园、云听、专题和虚拟博物馆。

科普内容吸引力方面，中国科普博览的科普内容具有以下四个方面的特征：一是知识的系统性。每一个博物馆或专题都全面、系统地介绍了这一领域的科学知识，结构清楚、层次分明。二是知识的科学性。网站宣传科学真理，破除迷信，反对伪科学。三是知识的权威性。每一个博物馆或专题都由该领域资深专家亲自编写脚本，保证知识的权威性。四是表述的通俗性与趣味性。从一些有趣的故事与现象说起，用通俗易懂、形象生动的文字由浅入深展开论述，揭开其背后的科学知识，并配有大量的动画与图片。

（2）传播渠道优化

科普传播渠道方面，中国科普博览以网站为根本，紧跟信息网络技术发展和媒体传播趋势，构建了中国科普博览官网及其品牌统领下的微博、微信公众号、今日头条、一点资讯、网易号、人民号、央视网矩阵号等近20个自媒体，并与人民日报、新华社、央视新闻、中央广播电视台、环球时报、紫光阁等100多家媒体渠道合作联动形成矩阵式科学传播体系，为科学家和科普团队提供从选题创作到渠道传播的一体化的信息化平台，为媒体、科普机构、中小学校和社会公众提供优质科学内容，让公众从此爱上科学，与科学同行。新媒体粉丝数方面，中国科普博览全平台粉丝达800余万；新媒体科普产品和影响力方面，年均集成发布原创作品3000个，全网传播量达到10亿多，显著地提升了科技信息传播的可信度和影响力。先后获得"中国优秀文化网站""联合国世界信息峰会大奖（The World Summit Award）""全国优秀科普网站""全国十大典赞科普作品"等奖项。[1]

中国科普博览形成了自媒体矩阵的传播体系，包括科普博览移动端网页、科学大院微信、科普博览微博、科普博览微信、科普博览抖音、格致论道B站、人民号、新华号、央视频、科普中国、今日头条、快手、知乎、哔哩哔哩、百家号、企鹅号、网易号、喜马拉雅、抖音、澎湃等。中国科普博览合作媒体矩阵包括人民日报、新华社、央视新闻、CCTV中国中央广播电视台、光明日报、经济日报、环球日报、新华网、人民网、光明网、瞭望智库、腾讯网、网易、搜狐、环球网、百度、凤凰网、观察者、新浪网、爱奇艺、优酷、腾讯视频、网易公开课、一点资讯、虎嗅、解放日报、科技日报、北京日报、文汇报、中国青年报、紫光阁、斗鱼、喜马拉雅FM等。

① 王闰强，肖云. 20年科普求新求变 让公众爱上科学——写在中国科普博览20周年之际［EB/OL］.中国科普博览官网，2023-04-03.

（3）内容制作优化

中国科普博览稿件来源分为三类。一是与科普中国项目合作的稿件。图文内容发布于头条、一点、网易、百度知道四个平台，视频内容发布于头条号、一点号、网易号、百度知道、优酷、腾讯、腾讯精品课7个平台。二是SELF格致论道讲坛的相关内容。发布于头条号、一点号、网易号、百家号、企鹅号、百度知道、爱奇艺、网易公开课、优酷、腾讯精品课共10个视频平台及喜马拉雅FM频平台。三是中国科学院中国科普博览科学传播团队的自组稿，多是对一些热点事件的回应或盘点，发布于头条号、一点号、网易号、百家号、企鹅号、百度知道和界面新闻共7个平台。相关稿件有特殊需求时少量也会在三联中读和知乎两个平台同步跟进。①

（4）传播形式优化

中国科普博览隶属于中国科学院计算机网络信息中心，具有顶级科学家资源优势。其科普专家顾问由中国科学院院长路甬祥、中国工程院副院长师昌绪以及国内一线专家组成。他们具备深厚的科学知识、广阔的国际科技视野，以及多年积累的传播能力，能够准确把握科技发展方向，为网站提供了高质量内容。②

科普传播定位方面，中国科普博览历来崇尚传播内容的科学性和权威性。每个科技专题都由该领域资深的科技专家亲自编写，并借助中国科学院科学数据库的优势资源，将科学知识全面、系统地展示出来。以虚拟航空馆为例，它通过全面科学的科普栏目详细介绍了航空事业的发展历程以及航空常识等多方面的知识，成为航空领域名副其实的科普基地，有效保证了科学知识的科学性、精确性和权威性。

---

① 梁奕宸.场景视阈下科学传播创新研究——以"中国科普博览"为例［D］.2019：5.
② 刘志磊.官办与民办科普网站比较分析及启示——以中国科普博览和科学松鼠为例［J］.科协论坛，2018（7）：29-32.

在传播内容的侧重、深度及更新速度上，中国科普博览在传播科学知识的同时，注重前沿科技动态以及科学精神的传播。如《波澜壮阔！2018年世界航天十大看点》《2017年五个影响未来的科学进展》等，都详细介绍了世界科技成果应用以及未来发展趋势，这有利于热爱科学的公众更好地了解科技发展动态，体会科学精神。在传播内容的深度上，中国科普博览设置了专题版块，通过一系列相关文章对复杂的热点事件进行补充、延伸，全面解读。

现代意义上的科学传播已不能局限于一对一或一对多的线性单向传播形式，而是要形成多对多的良性互动网络格局。科普内容形式互动性方面，中国科普博览在表现形式上采用图片、文字、视频及超链接的方式，将多媒体技术、三维立体技术、全景虚拟技术、卫星遥感技术等完美结合，并开设了科学影院、科学大讲堂、SELF演讲以及视频专栏等，很好地调动了公众的学习兴趣，科普云空间栏目更是充分利用了卫星遥感、VR技术等高科技手段，使人仿佛身临其境。如《感知天地——遥感的"视界"不神秘》，视频以三亚卫星数据接收站接收环境为例，借助远程播报系统多图层叠加显示、图像漫游、鹰眼窗口、三维数据显示等特点，将地球上的山川、河流、草木等栩栩如生地展示在观众眼前，有效提高了网站吸引力。①

中国科普博览主动运用场景思维，通过对大数据、科普示范平台以及移动设备等场景要素的使用，在传播实践中采取贴合平台标准、生产个性化内容、采用技术化手段等措施，构建了线上与线下场景、固定与移动场景相结合的多维立体科学普及场景以增强科学普及的效果。此外，中国科普博览网站通过开设科普活动、科普体验、科学求真营、虚拟博物馆等专栏进行社会互动。据统计，在线下科普活动举办方面，自2017年8月至2018年1月，该网站共举办线下科普活动10次，主题涵盖天文、生物、量子力

---

① 刘志磊. 官办与民办科普网站比较分析及启示以中国科普博览和科学松鼠为例 [J]. 科协论坛，2018（7）：29-32.

学等多个方面，形式包含讲座、研学活动、亲子活动等。线上虚拟博物馆是该网站的特色，其中包括了6个主题博物馆，让公众能够更系统、全面地了解各个领域的知识。

2."科学与中国"实践案例

（1）科普主题优化

2023年，科学与中国网站内容主题一级分类共7个，分别为首页、关于、巡讲、20周年、直播云讲堂、热点和出版物。其中，巡讲包括预告、新闻和回顾三个二级分类。20周年包括活动动态、活动指南、活动影像、活动祝福和十周年纪念活动等五个二级分类。出版物包括"科学与未来"院士科普图书和"科学走近公众"院士科普图书两类。其余版块内容，如专题版块包括按主题分类和按活动分类，按主题分类，包括资源能源、先进材料、空天海洋、生命健康、信息技术、环境生态、农业技术、公共安全、交通国防、制造技术、基础科学、大科学装置和科学文化共13个。按活动分类，包括"科学与中国"主题巡讲、《中国科学》《科学通报》走进科研院校、院士与中小学生"面对面"和"科学讲坛"共4个。微视频涵盖小学、初中和高中三类人群。

（2）传播形式优化

科普活动和科普传播方面，经过多年的实践，针对不同群体，通过广泛合作，"科学与中国"已形成了包括面向地方和社会的"千名院士·千场科普"、"科学与中国"院士专家巡讲团、"科学与中国'云讲堂'"直播、"科学与中国"院士报告会、"科学思维与决策"院士论坛、《中国科学》《科学通报》走进科研院校"、院士与中小学生"面对面"等多种活动形式，进一步满足了多层次、多领域、多地域的社会需求。科普覆盖人数方面，从2002年12月9日正式启动以来至2022年，共举办报告会1500余场，得到了院士专家、各主办单位和社会各界的大力支持和热烈欢迎，产生了积极、广泛的社会影响。

3. 科普中国"我是科学家 iScientist"微信公众号平台实践案例

（1）科普内容优化

注重信源权威性。微信对科普信息的传播是把"双刃剑"。一方面，作为当代中国网民信息获取与分享的重要新媒体，微信为科普信息的快速有效传播提供了更便利的平台。另一方面，由于微信平台信息传播门槛低、信息传播渠道中"把关人"淡化甚至缺失，反科学、反常识的信息频繁出现在大众视野中并广泛传播，导致微信科普可信度下降。怎样"趋利避害"，将微信平台打造成为新媒体时代的科普重地，这是科普微信公众号实现有效传播的难题。解决这一难题的关键就是信源的权威性。科研工作者掌握"原生态"的科学信息，是科学传播中最具权威性的信源。"我是科学家 iScientist"微信公众号以"科学家做科普"为核心理念，以"科学家演讲""科学家专栏""科学家专访""我的专业是个啥""自己的研究自己写""最新科研成果与热点科学事件解读"为基本结构，让科研工作者用演讲、漫画、短视频、沙龙等方式讲述科学故事、揭示科学原理。通过对公众号阅读量排名前100的推文进行梳理分析发现，63篇推文由心理学、地质学、食品科学、计算机学等多个领域的科研工作者撰写。他们将自己的专业知识或科研成果以科普短文、短视频等更符合当下社会受众信息接收习惯的方式进行展示。推文结尾处还附有该科研工作者的基本信息，以方便读者进一步了解相关知识。由科研工作者主导的科普信息传播，能从传播链条的源头进行专业把关，确保受众在微信平台上获取权威科普信息，从而提升受众的关注度，增强用户黏性。

紧扣新闻时事热点。满足广大受众对科学信息的需求是科普工作取得良好效果的前提。"我是科学家iScientist"微信公众号在将与生活息息相关的科研进展和研究成果以受众能够理解的形式进行呈现的同时，较为注重对新闻时事热点的关注，侧重于从科学视角对国内外新闻事件和热点话题进行分析，进行科普信息传播。"我是科学家iScientist"微信公众号还注重以"蹭热点"的方式进行科普信息传播。《我问科学家》栏目就是以影视明星为发问人，他们基于自己参演的电视剧、电影等提出科学问题，科学家针对问题予以解释。如演员佟大为针对其主演的热播电视剧《如果可以这样爱》中主人公被植入虚假记忆的情节，提出了虚假记忆是否可以被安插的问题。心理学家黄扬名对此进行了科学解释：虚假记忆可以被安插，但需要同时满足"此记忆不可能发生"和"当事人无法反驳"这两个条件，用浅显的语言解释了虚假记忆的作用机制。①

更新频度方面，"我是科学家iScientist"微信公众号信息推送及时，每日发布1—3篇推文，主要集中在7：00—8：00上班高峰期间。在生活节奏不断加速当下，受众更偏向利用碎片化的时间接收信息，在闲暇时间通过手机端阅读内容精练、篇幅短小的文章。"我是科学家iScientist"微信公众号选择在上班高峰时间更新推文，准确把握推送频率，既有利于向用户提供良好的碎片化阅读体验，保障科普信息传播效果，也能形成自身推送规律，提升公众号的影响力。在内容吸引力方面，从版面设计来看，"我是科学家iScientist"微信公众号极其注重版面美感，通过对文字、图片等版面要素的精心选择和编排，使受众获得独特的视觉感受。首先，在标题上，"我是科学家iScientist"微信公众号推文标题多采用问句，突出关键信息并引发受众兴趣，如《"当初我也给祖国捐款了，为什么现在要被骂千里投毒呢"？》等标题中，用"为什么"的疑问词调动用户情绪，吸引用

① 刘杨，吴玉莹.基于微信公众号的科普信息移动化传播策略研究——以"我是科学家"为例［J］.新闻爱好者，2021（4）：45-48.

户关注，提高推文的阅读量。其次，在内容上，该公众号兼顾科普信息的严谨性和表达方式的亲和力，以受众情感为载体，强化科学知识的传播。文字常使用通俗幽默的语言和行文风格，不仅方便读者阅读和理解，而且拉近了科普信息与读者的情感距离。图片均标明出处，且大多来自学术论文和专业网站，同时注重动图、表情包、长漫画、短视频等元素的运用，降低受众信息接收难度，充分吸引其阅读兴趣。在排版上，该公众号的推文标题和正文字体分别使用微软雅黑16.5号和12号字体，行间距为1.5倍，段落间距较大，避免过于紧凑的文字间距增加受众的阅读难度，需要突出的内容则以蓝色加粗和黑色加粗进行凸显，吸引受众关注。研究显示，蓝色凸显沉静、理智，黑色意味着严肃、稳重。这两种色彩的搭配既给受众正式、专业的感觉，也符合"我是科学家iScientist"微信公众号专业权威的定位。①

（2）传播渠道优化

尽管"我是科学家iScientist"微信公众号已经取得了良好的信息传播效果，但单个公众号的传播能力与范围始终是有限的，要想扩大公众号影响力，使自身科普品牌得到更广泛的传播，必须多方合作，多平台联动，加快公众号信息的传播速度和广度。在媒体融合方面，目前"我是科学家iScientist"微信公众号不仅与"果壳""科普中国""环球科学""Nature自然科研"等优质科普微信公众号进行内容和渠道的联动，保证其推文话题的丰富性以及推文内容的权威性，还与腾讯科普、网易新闻、一点资讯、哔哩哔哩等平台开展合作，以优质科普资源吸引更多受众关注。如联合腾讯视频开展科学家演讲活动，题为《如何用人工智能技术让站在悬崖边缘的人"且留一步"？》的演讲在腾讯视频收获了34.3万的播放量，为公众号吸引了更多的受众。

---

① 刘杨，吴玉莹.基于微信公众号的科普信息移动化传播策略研究——以"我是科学家"为例［J］.新闻爱好者，2021（4）：45-48.

第五章
融媒体时代科学普及工作的总结与展望

一、融媒体时代科学普及工作的研究成果总结

（一）数字平台科普栏目分析成果

为总结数字平台科普栏目在融媒体背景下的创新路径，本书采用文献研究法和案例研究法，选取抖音号《科普中国》、CCTV-17《谁知盘中餐》、央视网《够科普》、《今日科学》、《科技前沿大师谈》等多个典型案例，着重分析了数字平台科普栏目内容特点、科学话题选择与呈现、科普传播手段创新及形式创新。此外，本书还选取了惠农科普类电视专题栏目《乡约科普》、体育全景式融媒体栏目《人民冰雪·冰雪科技谈》、健康类短视频栏目央视网《够科普》、电视科普栏目《今日科学》、主流媒体科普专题节目《FM十万个为什么》等具有典型代表的科普栏目案例，对其科学普及的模式成效等进行深入探究与分析，从而为我国数字平台领域科学普及工作的建设和推进提供有益借鉴。

1. 科普内容创新：聚焦公众高关注主题

在科普内容上，数字平台科普栏目选取受众高关注的日常生活及科学常识主题并进行内容延伸，有效回应了公众关切。抖音号《科普中国》积极拓展科普短视频应用，一方面注重内容多元化，选取受众日常生活密切相关的科普主题，如生活常识、医疗卫生、科技发明、宇宙运行、自然知识、社会热点等，激发受众的兴趣。另一方面，抖音号《科普中国》还选取科技发明、医疗卫生、自然知识等方面科普主题，将抽象晦涩的科学知识以大众易于理解、喜闻乐见的形式呈现，取得了良好的传播效果。CCTV-17《谁知盘中餐》在内容设计上，通过农产品原产地溯源，探寻农产品从田间到餐桌的生产过程，并以科学实验的方式回答观众关于相关农产品的选购、食用、烹饪等方面的问题，为百姓提供具有公信力、权威性的食品安全信息，既普及了农产品营养、安全等知识，还介绍了农产品原产地的风俗文化和特色美食，带动乡村旅游发展，支持农民创收，进一步扩大了科学传播的社会影响力。

2. 科学话题选择与呈现："蹭热点"及故事化叙事方式

在科学话题的选择与呈现上，数字科普平台聚焦受众需求抓住时机，以"蹭热点"方式进行科普推送，同时采取了创新性的呈现方式及共情传播手段，取得了良好的科学传播效果。抖音号《科普中国》非常注重事件营销，围绕热点话题事件精准制作推送相关科普内容，提高内容传播力和影响力。《科普中国》除及时发布新冠防控常识类科普短视频外，还围绕时事热点推送情感化内容，以致敬一线防疫人员、传播正能量故事等为主。在重大科技事件报道中，将科技讲解与故事讲述并重，激发受众的爱国情怀。在科学话题呈现上，采用了影音剪辑、真人出镜、动画讲解、实验呈现等多样化的呈现方式，增强传播渗透性，优化受众视听体验，让受众更加快速、精准地获取核心知识点。《今日科学》栏目坚持价值引领，将大力弘扬科学精神和科学家精神作为重要选题，专业性与时效性并重，对人民群众普遍关心关注的热点题材进行专业解读，在福岛核废水排放问题上及时为社会大众答疑解惑，回应群众关切。在呈现方式上，《今日科学》坚持科学性与趣味性，把艰深专业、深奥晦涩的科研成果、科技术语、科学原理，用通俗易懂、群众喜闻乐见的语境语态表达出来，创新节目录制方式，改变原有的专家演讲、演播室访谈等传统节目录制样式，根据节目内容需要把演播室搬到科研院所试验室、科技企业生产车间、科普惠农田间地头，有效提升了节目感染力。CCTV-17《谁知盘中餐》注重生活化选题，选择观众感兴趣或感到困惑的话题，选题贴近观众的生活节点，与观众生活节奏同步，营造全民学习农业知识氛围。在呈现方式上，《谁知盘中餐》采用了悬念式的故事化叙事方式及贴近群众生活的语言表达形式，运用接地气的群众话语和镜头语言，以平民化的叙事风格打动观众，令观众产生身临其境的观感。央视网《够科普》栏目采用语境搭建等多种手段促成受众认同，具体采用了网感化的话语形态、第二人称叙事手法、立体化模态符号等表达方法和手段，对话语形态、叙事手法和模态符号进行针对性创新，以此搭建能得到受众认同的互动语境，提升关注度。

3. 科普传播手段创新：融合互动及共情传播

本书以抖音号《科普中国》和《够科普》两个典型的数字平台科普栏目为例，具体分析科普传播的创新路径及创新策略。抖音号《科普中国》在科普传播上注重话题互动，拓展传播渠道，通过使用话题标签、构建话题圈层，提高科普短视频的分众传播效果，同时积极开拓科普直播，有效聚合线上线下多平台传播优势，进一步释放科普效能，有效解决传统科普即时性不强、交互性不够、沉浸性缺位等问题，可以为受众创造身临其境的"云空间"，进一步拓展科普短视频传播的形态边界，增强了科普短视频的时空延展性，助力科学传播。《够科普》栏目在科普传播路径上优化创新，整合中央广播电视总台电视节目优质内容，将央视网作为首发平台，融合了微信视频号、微博、哔哩哔哩、腾讯视频、头条号、百家号等视频矩阵平台的央视网官方账号，发散式、有针对性地进行内容投放与多渠道传播，并借助共情联结引发受众反馈，通过搭建情感交流的场域，引发情感共鸣，推动受众自发地转发、点赞和评论，促进视频再次传递与扩散，收获了长周期、广范围和深影响的传播力。

4. 科普传播形式创新：突破场域限制的全方位立体化传播

融媒体背景下，讲座式科普节目的空间场域也突破传统科技馆内及演播室的限制，呈现不断扩大的趋势，涵盖了学术会议、公共活动以及网络直播等形式，从而扩大受众群体和辐射半径，最大限度地让社会公众接受科普知识，提高自身素质，改善生活、工作和学习的质量。采访式科普节目除了传统的演播室内访谈之外，还将采访地点设置在访谈嘉宾工作地点或咖啡馆、餐厅等开放式场所，打破了节目与受众间长期存在的壁垒，消解了节目权威感的同时，也搭建了一种节目嘉宾与受众共同体验、共同交流的独特节目场景。本书选取了当下我国较为典型的科普节目，如讲座式科普节目《格致论道科学文化讲坛》《科学公开课》《院士专家讲科学》、采访式科普节目《科技前沿大师谈》《执牛耳者》《院士科普》等，对其栏目形式进行了归纳梳理，以展现当前科普节目在形式上的创新。

在以上分析数字平台科普栏目创新路径的基础上，本书还选取了惠农科普类电视专题栏目《乡约科普》、体育全景式融媒体栏目《人民冰雪·冰雪科技谈》、健康类短视频栏目《够科普》、电视科普栏目《今日科学》、主流媒体科普专题节目《FM十万个为什么》、天文科幻科普节目《从地球出发》等代表性科普栏目，对科学传播模式特点、创新手段、创新成效进行了深入探究，为我国数字平台科学普及工作提供经验借鉴。

（二）科学普及示范平台建设成果

融媒体信息处理技术、网络传播技术及智能媒体技术的应用，为科普制作与传播带来了颠覆性变革，表现为传播内容的丰富性、传播方式的多样化、传播渠道交互化、传播手段智能化等趋势。本书选取国内较为成熟的、以主流媒体为主体打造的科普示范平台，如中国科学院科普云平台——中国科普博览、科技日报社的科技融媒体云服务平台、北京科技报社的融媒体平台以及新华日报社的全媒体指挥中心平台作为典型案例，分析融媒体技术在科普示范平台建设中的应用。在以上案例研究的基础上，本书以习近平总书记"两翼论"为根本理论遵循，基于"对话模型"构建科普实践"一体两翼"动力机制，在借鉴其他科普成效评估标准的基础上，结合科普实践构建科普新生态、培育创新发展新动能的"两翼"需求及创新发展要求，通过专家调研与咨询，搭建支撑创新发展的科普示范平台效能评估指标体系。以该指标体系作为标准与参照，本书选取"科普中国"和"科创中国"等示范平台作为典型案例，聚焦指标体系中关键指标及关联要素，分析科普示范平台在内容创新及传播渠道、传播手段等方面进行优化的具体举措及建设成果，为科普示范平台提升科普效能、可持续发展及其他科普平台的创新发展提供实践范例。案例分析表明，融媒体技术对于科学普及示范平台建设影响深远，不仅促进了科普示范平台内容创新和呈现方式变革，更为重要的是，在融媒体技术推动下，科普示范平台实现了科学传播向跨媒介传播的范式更迭、话语体系转换及渠道整合。（见图5.1）

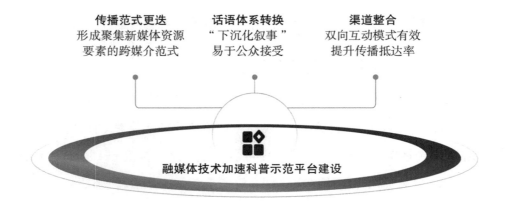

图 5.1　融媒体背景下科普示范平台建设成果

1. 科学传播跨媒介范式更迭

"范式"一词由美国著名科学哲学家托马斯·库恩（Thomas Kuhn）提出并在《科学革命的结构》（*The Structure of Scientific Revolutions*）（1962）中系统阐述。库恩指出，范式就是一种公认的模型或模式，"采用这个术语是想说明在科学实际活动中某些被公认的范例——包括定律、理论、应用以及仪器设备统统在内的范例——为某种科学研究传统的出现提供了模型"。在库恩看来，范式是一种对本体论、认识论和方法论的基本承诺，是科学家集团所共同接受的一组假说、理论、准则和方法的总和，这些东西在心理上形成科学家的共同信念。这一概念揭示了科学发展的结构性和过程性，对理解今天社会结构中的创新具有重要的启示意义。"范式创新"是对创新资源要素的重新配置和聚集整合，同时又是对创新思维与方法体系的新探索，其实质在于新、旧范式之间的结构性转换和新范式的建立。"范式"在传播学中被理解为一种变革式的创新。在媒介融合环境下，科学传播一旦与新媒介、新技术和新方法融合，就会产生一种跨媒介的结构性转换，由此带来全新的符号配置与价值整合。据《中国网民科普需求搜

200

索行为报告》①显示，2019年第二季度中国网民科普搜索指数总计8.97亿，环比增长8.82%。其中移动端科普搜索指数是PC端的6.84倍，达到7.83亿。公众主动获取科学知识的意愿和行为表明，他们对于科学知识的渴求越来越强烈，而获取科学知识的最佳手段是各种各样的媒介。

科普示范平台呈现了科学传播的跨媒介范式的转换，这种重塑与转换是由媒介技术革新带来的深层变化所导致，对科学传播将会产生极其深远的影响。科普传播从图文时代到电视时代再到"抖音""快手"等新媒体平台在呈现方式上的逐步升级，科普的文本传达、符号表达，实质上突破了单个创作的局限，成为整个创作机制、媒介构成、信息交换、关系互构、情景交融，甚至是传播者自身工作方式的全面创新。科普示范平台的"跨媒介范式"的建立，既是对新媒介资源要素的聚集整合，又是对科学传播创新思维与方法体系的新建构，为我们理解科学传播提供了新的视角和观察路径。

2. 科学传播话语体系转换

心理学研究表明，人们在接受和消费信息时，存在着一系列认知习惯和误区，包括选择性接触、确认偏误和喜好偏颇，即人们通常下意识地更愿意关注和接受与自身偏好和观点一致的信息，更愿意去相信与自身需求和所希望的事情一致的内容。如何将高深科学变成大众语言进行传播，话语转换机制的建立必不可少，这是一种转换也是一种翻译，需要传播者的科学素养和准确表达。在传播科学知识的表述中应尽量避免出现大量有关不确定性、概率等的数字信息，而选用公众相对较为熟悉的知识或模型进行类比陈述，这样将会更加准确有效地传递这些数字所包含的意义以及与风险相关的内容。科普示范平台的科普短视频，以普通大众容易接受的方式把高精尖的科学理论术语转换为受众易于理解和接受的话语形态，通过

---

① 中国科技协会.中国网民科普需求搜查行为报告［R/OL］.2018年度&2019年度信息.

"下沉化叙事"，以具象化、生活化的叙事语言，降低了科学传播的门槛，突破了传统科学传播方式一贯以来的严肃印象，提升了科学传播的广度与效果。"下沉式"的科普传播方式也有助于专业人士和大众之间的科普交流，使专业、"硬核"的科学知识更"接地气"。科普示范平台的科普短视频，以视听语言将抽象的科学可视化。例如，以科学实验的方式将科学与娱乐有机融合，让知识贴近生活，以最常见的现象作为切入点，利用生动的实验展示和最简单有趣的语言进行解析，摒弃术语、公式等专业性强的语言，提高了科普的趣味性及互动性。

3. 创新融合科学传播渠道，拓展互动新边界

科普示范平台借助融媒体传播手段，形成了双向互动的传播模式，直接提升了科普效果。借助大数据、云计算的分析方法，能够准确分析出受众需求与偏好。灵活多变的科普传播方式让受众可以直面科普工作者，并与之互动交流。科普传播效果能得到迅速反馈，科普内容及方法能得到及时有效调整。[①]在科普传播渠道方面，"科创中国"组建了传播的自媒体矩阵，在微博、微信、抖音等第三方平台开设公众号，加大优质内容输出力度。"科普中国"整合了PC端和移动端，其中移动端浏览量和传播量突破80%。不断拓展的社会化传播渠道和平台为其扩大传播覆盖面提供了有利条件，"科普中国"传播渠道覆盖了电视、手机、PC以及公共场所终端，以及微信、微博、App等典型移动端。在传播互动性方面，"科普中国"建立了信息员制度，通过信息员在微信、微博等科普示范平台积极分享传播科学内容，有效提升了科普内容的传播抵达率。

---

① 史红霞，孙建刚.融媒体时代科普传播创新研究［J］.邯郸学院学报，2022，32（4）：107-111.

二、科学普及示范平台未来发展趋势

（一）技术创新与发展

当下，网络新媒体、大数据、云计算、物联网、人工智能等先进技术蓬勃发展，为科普传播的快速与创新式发展提供了肥沃的土壤与时代环境，推动了科普服务的转型升级，带来了科普方式的变革，也为科普产业发展提供了有力支撑，为科普产业数字化、智能化和网络化发展插上腾飞的翅膀。我们要充分认识智慧化对传统科普带来的挑战，抢抓机遇，紧跟前沿，善于应用智能化信息技术，感知用户需求，组织内容创作，匹配科普资源，及时精准送达，为智能社会科学普及提供智慧化支撑。新技术与科普传播的深度融合与应用，必将大幅提高科普传播的广度、深度、速度、精度和强度，提供立体、泛在、及时、精准的科普服务，实现科技成果的全社会共享，增进广大人民群众的福祉。

1. 大数据技术

大数据技术极大地改变了现有的生活方式和生产方式，给人类社会带来巨大机遇。一方面，大数据技术促进了信息技术与各行业的深度融合，为科普工作带来了更多可能。另一方面，大数据技术改变了人们的行为方式，"不变应万变"的科普思维已经不再符合时代的要求，迫切要求各级科普机构积极求变。①在科普服务中，大数据的应用也具有重要的价值。通过大数据技术，科普服务可以实现对民众科学素养的精准判断，进而实

---

① 李丽. 网络环境下开展大数据科普工作的探索 [J]. 科协论坛，2018（6）：12-14.

现科普方案的优化。另外，大数据技术还可以为科普服务的线上开展提供多元化的科普资源。通过大数据平台，工作人员可以快速地检索收集所需的科普资源，常见的有图文资料、视频等。在大数据的应用下，科普服务的难度将会大幅度降低，民众在科普学习方面的差距也会逐步减少，其对科普学习的兴趣也将大大地提高。由此可见，科普服务在大数据的技术支持下，将会取得良好的科普效果。

（1）运用大数据技术实现个性化推荐

利用数据跟踪找准用户需求。经由用户的搜索行为，数据平台可以抓取大量的使用数据，再通过终端、性别、年龄、地域、兴趣、行业、教育水平、消费水平等多个维度对数据进行全面细致的分析，从而给用户做精确画像。利用这些基于数据的研究成果，可明确不同用户在阅读科普内容时的偏好，从而有针对性地为其提供个性化的产品和服务。①

（2）利用大数据分析公众的科普需求，有针对性地开展科普工作

科普示范平台可利用大数据对公众数据进行统计、整理、分析，对人群按照年龄段、性别、职业、受教育程度和地区等进行划分，分析各个种类人群在各种科普方面的状况，比如，喜爱读的科普读物、喜欢看的科普电视节目、喜欢参观的科普展览、每年在科普方面的花费等，总结出每种人群对各种科普产品的需求，有针对性地开展科普工作。

（3）运用大数据观念提升科普工作效能

大数据是一种思维方式和观念，并非一套信息系统或者一两款手机应用。大数据思维的贯彻与实施是社会整体信息化水平的体现。大数据的作用可体现在社会各方数据的开放共享程度上。科普工作一方面要以

① 刘辉，万冰怡.大数据驱动的科普选题需求挖掘探析［J］.传媒论坛，2020，3（7）：34.

开放的心态向全社会打开数据接口，把目前已有的科普资源信息化、虚拟化，向全社会共享。另一方面应积极同社会掌握大量数据的企业和政府部门积极对接。在实际操作中，充分运用大数据可以保证科普工作成本合理控制。例如，在科技场馆建设和选址、科技展览的举办时间、宣传方式等方面，可积极对接交管部门的交通流量信息、民政部门的居民的职业、文化程度信息等，结合已有的公民科学素质调查结果进行相关性分析，将其作为选址依据，提高科技场馆和科技展览的受众面。大数据不仅体现在对当期数据的统计挖掘，也可以运用大数据更好地对科普工作进行预期和预测。

（4）运用大数据技术提高科普精确度

在对海量数据的监控下，大数据可以极大地提高预测精度和可信度。在实际工作中，大数据在舆情监测、人员流动分析方面已经有了非常成熟的应用。以微博为例，通过大数据分析一般的舆情热点会在2—3天后达到传播的最高峰，然后会持续一周左右的缓慢下降。通过运用这一规律，国内相关机构在打击网络谣言、进行舆论正能量引导上有了很好的效果。在科技活动组织上，通过大数据手段来提高政策和资源投入精确程度是目前社会工作运用大数据的主要方向之一。科普工作是社会性工作，作用对象是普通的自然人，因此科普受众的性别、职业、收入水平、文化程度、居住地和科普的内容方式的匹配程度极大地影响了科普效果。再例如，我们可以根据社会舆论热点以及微博、微信等互联网产品的大数据分析来识别信息敏感的受众群体。为此应及时采用最贴近受众的传播渠道和方式进行精确的科普宣传。当然，这也对科普音像内容的制作品质提出了更高的标准。大数据科普另外一个显著特征是通过数据的分析、挖掘，可以将原有的科技活动进行分解、剥离。将大型科技活动、科普著作单元化、微型化，使之更加利于科普的传播。①

（5）运用大数据手段对科普工作效果进行评价

科普工作的实施效果评估是实现科普工作闭环管理的最重要的环节之一，是针对科普展览、科技活动周、科普出版发行、科普工作人员工作的各项工作效果进行有效评估及对试点科普资源进行优化调整的依据。目前，社会工作效果反馈采用的方式主要是各种形式的调查问卷，如邮寄调查问卷、电话调查、上门访谈。在当前社会普遍缺乏互信和过度商业化的环境下，公众对传统的调查问卷方式经常带有抵触情绪或不认真对待。在一些科普工作中如科普出版物的发行和科普音像制品的传播，受众广泛，在调查统计中，极易受到样本偏差的影响。传统的科普工作后评价方法成本巨大、周期漫长、操作复杂、准确度不高。

通过大数据手段和配套的系统建设可以有效地提高科普工作的评价效率。在手机二维码、无线网络、室内室外位置感应技术等现代技术采集手段下对科普受众的个人信息采集边际成本将会下降到几乎为零。通过在科技馆、科技活动周和科技展览设置二维码扫描，引导用户直接进行有奖答题，变事后反馈为事中反馈，便于科技工作者及时调整科普内容和科技展厅开放关闭时间。②

2. 人工智能技术

在科技发展进步的历史长河中，科普传播的内容和途径总是随着新技术的产生和应用而不断更新和丰富。近年，被誉为"世界三大尖端技术之

① 董全超，刘涛，李群，等.浅析大数据技术对科普工作的推动作用［J］.科技创新导报，2017，14（11）：168-170，172.
② 董全超，刘涛，李群，等.浅析大数据技术对科普工作的推动作用［J］.科技创新导报，2017，14（11）：168-170，172.

一"的人工智能技术快速发展，在军事、航天、电力、交通等领域得到越来越多的应用。人工智能时代的来临给诸多行业带来颠覆性变革。如何应用人工智能技术提升科普传播水平，并通过科普传播使更多人感受、了解人工智能技术，激发更多青少年对科学研究的兴趣，提升广大民众的科学素养，是科普工作者义不容辞的责任，也是科普工作面临的重要机遇和挑战。①通过人工智能技术的深入应用，科普示范平台能够多方式多角度呈现科学内容。智能编辑有效提高了创作效率，为科普视频的创作提供了更多的途径和方法，给科普视频创作带来了新的发展机遇。

（1）形成人机共创的智能化信息生产生态

近些年，以自然语言生成（natural language generation）为代表的生成式技术发展迅速，能够从抽象的概念层次实现文本到文本生成、数据到文本生成和图像到文本生成任务。机器写作、深度合成等是自然语言生成的代表性技术应用。借助这些技术支持，机器能够同真人一样创作文本、图像内容，充当信息生产者的角色。随着技术进步，机器生产内容对新闻报道活动的影响将逐渐凸显。智能技术从信息采编、内容创作到新闻播报三阶段介入新闻生产，新闻生产过程呈现"人机共创"的生态。

一是人工智能技术成为新闻信息采集的重要力量。传统的新闻信息采集以记者采访、实地调查方式为主，收集信息的效率受人工限制较多。智能化数据挖掘、机器学习聚类等算法技术，可以在短时间内辅助记者收集大量素材，并提升调查性新闻报道的数据质量。目前，国内外主流媒体已经借助人工智能技术开发网络数据挖掘分析、社会重点事件监测和发展趋势预测的新闻采集工具。比如，由 CNN（美国有线电视新闻网）、Twitter（一家美国社交网络及微博客服务公司）和 Dataminr（总部位于纽约的人

---

① 赵姝颖.人工智能技术在科技传播中的应用探索［J］.机器人技术与应用,2014（1）：38-41.

工智能公司）开发的智能信息监测工具Dataminr for News能够为新闻信息采集人员发送特定事件的进展数据，辅助提升新闻记者的报道撰写速率。在2021年全国"两会"期间，人民日报首次推出了"智能报道创作机器人"，该机器人集5G智能采访、AI辅助创作、新闻追踪多重功能于一身，能自动整理文字、图片等素材，智能提取素材中关键部分内容，也能跟踪社会热点网络舆情，为记者提供及时丰富的素材。与此同时，AI智能剪辑技术也开始参与到视频报道内容的采编过程中。如北京冬奥会期间央视频借助AI智能内容生产剪辑系统，实时发布谷爱凌精彩动作的视频集锦，覆盖三次跳跃的完整动作、慢动作、宣布得分等关键时刻。这些体育赛事关键时刻视频的短时间、高质量剪辑发布，离不开智能剪辑技术的支持。[①]

二是面向文本生成的机器写作已成为重要撰稿者。随着技术普及，国内外主要新闻媒体先后推出写作机器人。代表性的主流媒体写作机器人有美联社的Wordsmith、《华盛顿邮报》用于核查新闻准确性的TruthTeller、《洛杉矶时报》推出的地震突发新闻编写机器人Quakebot、路透社推出的审稿机器人OpenCalais等。在国内，智搜（Giiso）写作机器人能实现新闻编辑的选、写、改、编、发全流程智能化，并可以完成社会、财经、体育、科技等22个领域的新闻写作任务。在2022年北京冬奥会期间，封面新闻借助写作机器人"小封"在每日19：00准时发布次日比赛前瞻，预告中国队焦点赛事以及需要重点关注的选手比赛。[②]

三是AI虚拟主播开始承担新闻直播报道工作。AI虚拟主播是指将人工智能与虚拟仿真技术相结合、能够以类人形象从事新闻媒体报道、但以虚拟形式存在的主播。近几年，AI虚拟主播在我国新闻传媒领域的应用越来

① 任吴炯．智能传播技术在主流媒体重大主题宣传中的应用分析［J］．现代视听，2023（2）：14-19．

② 任吴炯．智能传播技术在主流媒体重大主题宣传中的应用分析［J］．现代视听，2023（2）：14-19．

普遍。在2021年全国"两会"期间，央视网推出虚拟主播"小C"主持的栏目《C+真探》，通过云端传输，在人机交互的场景中与"两会"代表、委员对话问政，创新了以往的"两会"报道形式。这种报道方式解决了无法线下面对面采访的局限性，同时又以新技术形式提升了新闻报道的趣味性。在北京冬奥会期间，多家主流媒体推出AI虚拟主播参与冬奥会报道工作，如由中国气象局、小冰公司共同打造的天气预报虚拟主播冯小殊，以及央视网推出的能够娴熟配合朱广权"段子式"播报风格的虚拟"手语主播"。

（2）内容分发实现智能化

以算法为核心的人工智能技术对信息传播的影响已然显现于信息采集、生产、分发等多环节。在社交网络中，算法推荐、社交机器人等技术能够点对点、短时间、高频次扩散信息。同时，依托对用户群体大数据的计算分析，算法能够形成"用户画像"，进而向用户推送个性化信息。尽管社交网络结构交织错乱、复杂多变，借助算法的优势仍可以实现信息的精准、有效投放，不仅迎合社交网络中用户的信息需求，同时也提升了信息传播效果。[①]

信息精准投放助力传播效果提升。大众传播时代主流媒体"一对多"的新闻分发模式，在社交网络中的传播效果往往是"撒胡椒面"式的，难以获得用户更深层次的信息加工与认同形成。近些年，主流媒体开始探索借助算法技术实现个性化的新闻分发服务。基于用户网络地理IP的风险预警信息投放，成为预警重大自然灾害风险的有效渠道。如国家海洋预报台、中国地震局、多个省份发布等机构账号，借助新闻聚合平台的算法弹窗功能，定向为处于风险可能范围内的用户群体投放风险预警的信息。

借力社交网络进行信息分发。在社交网络中，一些处于网络社交中心位置的节点往往在信息扩散过程中起到重要的分发中介作用，网红意见领

---

① 任吴炯.智能传播技术在主流媒体重大主题宣传中的应用分析［J］.现代视听，2023（2）：14-19.

袖就是这一类网络社交节点的典型代表。网红意见领袖在社交网络中拥有一定规模的粉丝群体，经其发布的内容往往能在其粉丝群体内部迅速扩散，并且这种因特定兴趣、情感连接形成的粉丝群体极易形成情感共鸣与价值认同，进而主动产生二级、三级乃至跨平台、跨群体的传播行为。在中华文化的国际传播中，网红意见领袖即扮演着中华传统文化"走出去"的代言人角色。比如，网红"阿木爷爷"用精湛的木匠技术在YouTube中吸粉百万、"李子柒"与"滇西小哥"的中华田园生活视频引发海外用户情感共鸣。此外，主流媒体以机构账号的身份直接进驻社交平台，参与到议题讨论的网络群体中进行信息分发。

（3）内容审核与监测走向实时化

人工智能审核模式，通常是指内容生产商引入人工智能技术，从事安全审核工作，针对文本、图像、语音、视频等各类型内容，从多重维度识别和计算，为内容把关，确保守住底线，不碰红线。①网络时代人工智能审核的优势则在于可以迅速处理大量的数据，配合相应机器学习模型，可以准确识别信息内容并做出判断。一方面，人工智能可以实时监测各类新闻事件、社交媒体信息的真实性，基于大数据轨迹找到信息的原始出处，通过交叉比对判断真实性，保证新闻信息的客观性。另一方面，人工智能可以对视频内容进行审核，通过算法等技术多维度对视频的类型、元素和关键词进行智能分析与审核，保障视频内容服务的合规性。此外，人工智能技术还能够监测内容的版权，通过数据挖掘、图像识别、数据比对，全平台、全时段监测内容的传播情况，快速识别内容的转载及修改行为，定性非法转载、洗稿、盗文、抄袭等侵权行为，并实时生成相应的版权监测报告。实际上，人工智能在内容审核和监测方面已有多年应用历

---

① 陈奎莲. AI在数字出版内容审核中的应用研究［J］. 出版广角，2020（10）：15-18.

史，自动核查技术也一直在优化中。早在2012年，《华盛顿邮报》开发了TruthTeller，它能自动对新闻内容进行即时核查。此后，杜克大学技术与核查合作研究所与得克萨斯大学的计算机科学家团队合作研发了智能机器人ClaimBuster，使得内容审核和检测能力大大提升。在国内，新华社发布的"媒体大脑"具有人脸核查功能和版权监测功能，能够进行新闻事实核查以及新闻的版权监测追踪。可见，在实践层面，人工智能将重复性的审核与监测工作自动化、智能化，快速查证不确定信息，大大降低了人力审核的成本，提高了运作效率。[①]

（4）推动科普视频制作高效化

随着人工智能技术与视频制作的融合发展，将人工智能技术应用在视频编辑制作中，能有效地简化视频编辑制作流程，缩短视频编辑的时间，减少视频编辑的工作量，提高视频制作效率，提升视频制作的质量。可以说，人工智能技术可应用在视频选题策划、视频拍摄、视频剪辑和视频后期合成等视频编辑制作的各个阶段。[②]依托5G通信、4K超高清视频等技术优势，短视频报道能够将主题活动的精彩片段呈现给网络用户，既契合社交媒体时代碎片化的传播特性，又能够调动用户视觉、听觉等多感官注意力，为用户提供了如临其境的观看体验。

选题策划是视频创作的第一步，需要查阅大量资料，工作量大。利用人工智能可以实现资料自动收集与分类整理，还可以通过设定关键词等方式进行简单的解说词撰写。此外，还能利用人工智能技术对解说词进行文字识别和分析，将解说词分解成拍摄所需的脚本。

① 解学芳，张佳琪. AI赋能：人工智能与媒体产业链重构［J］. 出版广角，2020（11）：26−29.

② 刘波. 人工智能技术在科普视频创作中的应用研究［J］. 西部广播电视，2022，43（17）：221−223.

在视频拍摄过程中，将人工智能技术应用于虚拟演播室拍摄，通过智能抠像将主持人和背景融合在一起，就不需另外进行实景搭建，既节约了成本，又提高了效率。近年来，一些设备研制者凭借深度视觉追踪等人工智能算法和技术，对拍摄主体进行姿态估计和行为分析，推出了具有智能追踪、智能构图和智能手势感应等功能的摄像机。

在视频剪辑制作过程中，人工智能技术可以实现对视频素材数据库的智能管理，通过算法实现自动匹配和智能视频检索等。一些辅助功能也可以自动实现，如主播智能播报、智能采编、智能撰稿、智能配音、智能添加字幕和智能剪辑等。具体来说，在视频剪辑过程中，人工智能技术的应用可以使视频素材按照视频脚本自动剪辑成完整视频，并能按照构图要求对画面进行自适应裁剪，自动调整彩饱和度，自动设置字体样式添加字幕。自动剪辑可以减少视频创作人员大量的重复性劳动，不仅能够节约时间、提高效率，更重要的是能使视频创作人员将更多的精力放在视频的表达方式等创造性工作上。①

在视频拍摄的过程中，经常会出现一些意想不到的小瑕疵，如在一些场景中出现多余字符或者物品等。在不重新拍摄的情况下，基于传统的视频处理方法，只能靠人工一帧一帧手动处理，工作量巨大。人工智能技术的智能化处理能够有效减少人们的工作量，大幅提升修复速度。此外，利用人工智能技术还能实现对一些珍贵历史影像视频资料的修复，如修复后的《开国大典》分辨率达到4K，带给受众一种完全不同的视觉体验。

（5）提供形式多元的信息报道内容

由AI合成技术支持的特效内容能够以图片、短视频、虚拟形象等多种

---

① 刘波. 人工智能技术在科普视频创作中的应用研究［J］. 西部广播电视，2022，43（17）：221-223.

形式呈现，将用户真人形象与线上虚拟场景相结合，创造出原本只存在于用户"想象"之中的图景，带给用户沉浸式的参与感。在北京冬奥会期间，许多人无法参与到冬奥会线下互动活动中，但线上开展的AI互动项目为他们提供了云端"参与"冬奥的途径。比如，央视频推出"数字雪花"互动项目，用户可以个性化定制属于自己的"数字雪花"，上传个人照片、选择头像风格、形象风格定位等个人形象参数，即可生成独一无二的"数字雪花"。与此同时，用户可获得央视频数字雪花身份证书，包含雪花ID序号、存证时间、数据哈希值等数字身份信息，助推用户在认知层面形成其"独一无二"数字身份的存在感，以及参与主题活动的群体归属感。同时，在抖音平台，大量抖音用户跟拍"冰墩墩"滤镜特效视频，配合专属BGM，以网络视频模因的模式在不同群体中迅速扩散，进而带动更多用户群体共同参与。

3.增强现实技术

增强现实技术（AR），是一种实时计算摄影机的位置及角度并加上相应图像的技术，可以有效地将真实世界的信息和虚拟世界的信息进行无缝集成。它可以在移动终端、屏幕上把虚拟世界展示在现实世界中，并通过立体具象化的还原与呈现让受众与之互动，更能激发受众使用、传播的兴趣。利用AR技术开展科普服务的数字化转化与数字化传播可以让原本单一的科普形式活灵活现，在大大降低科普成本的同时让科普效能迎来质的飞跃。[①]对于各个领域的科普而言，AR技术无疑是一种全新的高效的科普方式，增强现实技术将受众带到了一个更加生动形象、可以增加感官体验的新世界。目前，我国还处在AR与科普服务融合的探索初期，随着科

---

① 李豪，朱子玥，郑大威.AR技术在科普服务中的应用［J］.中国新通信，2023，25（8）：41-43.

技的不断发展，增强现实技术也将不断拉近现实与虚拟的距离，最终会将人们带到一个新的感官世界，为大众带来更真实更有趣、更强互动的科普体验。

（1）AR融入科普服务的特点

AR融入科普服务具有优于传统的科普方式的诸多特点。其一是"便携性"。仅仅需要一部手机或者平板等移动终端就可以对科技知识进行深层次的了解，让普通百姓也能随时随地了解到专业的科技知识。其二是"传播范围广"。增拓知识面的同时还可以利用新媒体的方式来进行二次传播，如转发、网络共享等，让更多的人了解更多的知识，使得科技知识在大众中传播开来。其三是"内容多样"。不同于传统科普方式的单一，可根据不同的科普场景定制不同的科普内容。其四是"可互动"。相较于传统的科普方式，其利用增强现实让叠加的虚拟内容与现实内容产生联系，让体验者在高互动性下学习知识，可以提高学习兴趣，降低信息获取的难度，使科普效果事半功倍。其五是可以开发"多样的衍生品"。利用AR技术将原本的科普课程进行赋能，可让其拥有更强的互动性、便携性以及趣味性等，让科普形式更加多样，内容更加丰富。此外，"风险更小，更加安全"也是AR融入科普服务的极大优势。某些预防灾难的科普或是具有危险性的科普活动，利用AR技术就可以让受众进行虚拟的体验学习，零风险的同时获得同样的科普效果。①

（2）AR赋能科普服务的应用

AR技术的融入，可以让公众学习了解全新的数字化体验的科学知识和科学方法、场景化展示的科学精神和思想，促进科普服务效能的提升。

---

① 李豪，朱子玥，郑大威.AR技术在科普服务中的应用［J］.中国新通信，2023，25（8）：41-43.

通过 AR 赋能科普服务，可使创作出的科普作品能适应互联网新时代的传播方式，使内容与形式新颖富有创造力，传播的知识与受众接受效果做到最大化。能够将前沿科技、国家重大科技成果、卫生健康等领域的科普内容与官方渠道、自媒体平台建设有机结合起来，完善科普服务的传播建设。可以使科普机构和主体更加快捷、灵活、科学有效地开展科普活动，使受众在快节奏的当下也能沉浸式学习到科技知识，还能在大众当中不断地传播知识，实现最大范围的传播。

一是提高科普内容的数字化程度。AR 与科普融合，可以通过数字化转化和可视化制作将传统的科普内容转化为数字化的 AR 科普课程，解决传统课程难以展示、"晦涩难懂"的问题。例如，对于重大的科学科技装备、科学工程，最新的科技成果，通过 AR 赋能利用数字采集技术、三维技术、可视化技术等对科普素材进行全方位采集、转化，增加了大量的立体、可视的数字化内容，让受众可以从不同的角度、不同的方式体会科学之美。与此同时，不仅可以将数字化内容直接当作科普内容用于科普服务，还可以形成数字化的资源库，方便日后科普内容的持续开发、交互场景的持续打造，乃至科普数字文创的发展。

二是提高科普内容的交互程度。在受众探索和体验全新形式的科普课程的同时，AR 技术也不断地给受众展示它在交互领域的强大功能。传统的科普活动或是科普课程局限于说教式，而 AR 的实时计算和匹配、智能交互等技术可以让受众在现实中与虚拟资源进行多样的互动，打破空间、时间的限制，让人们在真实的世界中感受到真实世界所没有的体验。例如，对于空间站有关知识的科普，可以让受众利用移动终端通过点击、滑动等触控方式，360 度全方位观看空间站的外观，还可以让受众走入空间站内部，认识不同的操控设备。

三是提高科普内容的传播程度。有了可以交互的、实时的、触手可及的全新科普形式，就可以让受众更简单、更有趣味、更轻松、更具象地了解到原本抽象复杂的科学知识。尤其是AR与Unity、H5等结合，把更多的科普内容转化为App、小程序，使得组织者可以一码发布，通过互联网的高效传播性迅速且准确地将科学知识传递给大众。而受众接收到之后，出于兴趣度、娱乐性、交互性，也可以一码转发，提高社会面的传播性。

四是提高科普内容的服务广度。AR还可以与诸多衍生产品结合，提高科普内容的服务广度。可以将数字化内容赋能在相关科普课程的衍生产品上。如文创产品，受众拿到文创产品后，通过移动终端的扫码功能即可了解更多的科普服务内容，还可以进行互动、分享等操作。再如科普绘本，受众用移动终端进行扫描，书中的科普内容就可以活灵活现地以三维动画的方式从书中动起来、活起来，相较于传统书籍更加灵动、更加容易被接受。

五是促进科普内容与更多数字化技术的融合。AR技术的适用领域非常广泛。当达到与科普的融合成熟后，AR技术可利用其强大的"包容性"来促进更多的数字化技术与科普内容融合。例如，AR科普课程开发中引入人工智能技术，利用虚拟科技工作者对受众进行"一对一的科普"。科技展馆中的AR体验服务可以与全息技术结合，将科普展品投射到受众面前。社区科普时，可以在AR程序中引入体感技术，让受众通过手势追踪来做一堂实验课。还可以在小程序中引入截屏、录屏，让受众与喜爱的科技装备进行虚拟合影，并通过互联网转发，吸引更多受众来享受科普服务。①

4. 5G技术

5G是第五代移动通信技术的简称，是最新一代蜂窝移动通信技术，

---

① 李豪，朱子玥，郑大威. AR技术在科普服务中的应用［J］. 中国新通信，2023，25（8）：41-43.

具有高速率、低时延、大容量、低能耗4个主要特征。一是高速率。5G网速约等于12倍的4G，用户之间的信息传输将不受带宽限制，实现无障碍的高速信息流。二是低时延。具有更低延迟和更快的缓冲速度。三是大容量，可同时容纳10−100Mbps用户数量，用户的交互实现指数级增长。四是低能耗。低能耗设备可以长时间待机且不需要充电。[①]5G技术与大数据、人工智能、物联网等技术的融合，将会带来"万物皆媒""万物互联"的态势。

5G技术以其超高速率、较低时延、超大容量特性，为大众快速获取网络信息资源、缩短响应等待时间提供超强支撑，实现新媒体行业对网络实时高清渲染的需求。5G技术的发展促进社会生产和生活发生深刻变革。以5G技术为依托的商用网络部署规模的逐步加快，既能满足行业用户初期需求，又使得产业生态进一步升级，促进5G技术在各个领域应用的深入探索。2019年11月20日，中国打造的国家级5G新媒体平台——中央广播电视总台"央视频"正式上线。该新媒体平台是中央广播电视台在5G+4K/8K+AI基础上全新打造推出的综合性旗舰平台，突破了传统媒体的内容生产和物理空间局限，在技术和流程上充分实现内容数据与用户数据的共享和连接，将对整个媒介的生态进行重塑。[②]《中国新媒体发展报告No.11（2020）》以"5G领航，智能中国"为主题，曾指出5G数字经济的正式开启是中国经济社会发展的重要生产要素，新媒体将成为社会治理专业化与智能化的重要贡献者，网络管理能力的现代化水平也将继续提高。[③]

① 叶晓青，张萍，王小明.5G背景下我国科普影视发展的趋势和对策［J］，东南传播，2021（5）：50−54.

② 苏丽娟.5G时代气象信息传播与服务的转型思考［J］.传媒论坛，2020（2）：155−156.

③ 唐绪军，黄楚新，王丹."5G+"：中国新媒体发展的新起点——2019−2020年中国新媒体发展现状及展望［J］.新闻与写作，2020（7）：43−49.

5G消息的推广使个性化、互动性、体验感更强的信息发布和科普成为可能。三大运营商共同发布的《5G消息白皮书》指出，5G消息业务是终端原生基础短消息服务的全新升级，依照交互方式大致可分为两类。对于个人用户而言，5G消息将打破传统短信对每条信息的长度限制，内容方面也将突破文字局限，实现文字、图片、音频、视频、位置等信息的有效融合。对于企业而言，5G消息将为其提供与个人用户的信息交互接口，企业可通过文字、语音、选项卡等富媒体方式向用户输出个性化服务与资讯。[①]

　　5G将极大地赋能科普影视，在生产、传播、用户等方面带来深刻变革。数字时代下，5G技术助推云采编系统打通大小屏，打破原有的传统思维和技术路径，促使影视行业不断进行技术手段创新和思维方式的转变。一方面是用户需求驱动内容生产，在人工智能、物联网、大数据、虚拟/增强现实技术（VR/AR）等的加持之下，5G背景下科普影视的智能化的内容生产是大势所趋，催生了多形式的内容形态。科普影视内容生产由专业创作转向平民创作，更多社会普通人士开始参与创作，科普影视大众化、平民化生产会进一步演进为全民化生产。随处可见智能终端设备，传播媒介和用户会趋于公共一体化。中国科普影视会形成一种内容海量、形式多样、充满个性化和多元化需求的全民跨界共创局面。[②]另一方面在智能化传播状态下，时间和空间、生理和心理、虚拟和现实的界限被打破。科普影视的公众视听形态，在短视频碎片化日益凸显的基础上，将趋于实时实景泛在化和交流互动多元化。科普影视内容不仅可以在各种智慧终端设备和众多场合触达公众，还可以通过与游戏融合借助互动视频等多样化的情境得到传播和普及，进入人们生活的各个角落，从而使得科普影视的传播领域

① 倪婷．5G技术在文化传媒行业的应用［J］．通信世界，2023（8）：27-28.

② 孙玉超，师文淑．全媒体环境下中国科普影视发展的基本特征和推进路径［J］．科技传播，2022，14（15）：20-24.

得到不断拓展，传播效率得以快速提升。

5G时代将为科普游戏提供有力支撑。以信息技术为代表的新一轮科技革命深刻影响着文化结构和价值追求，科技创新成果成为文化产业升级转型的核心支撑，而5G技术正是"数字经济的新引擎"。5G网络具备高速率、大容量、低延时的特征，为科普游戏带来更好的体验。首先，由于学科体系中有着庞大的数据，通过5G网络能够便捷地获取知识，提高教育的有效性。其次，5G网络下的低延迟有助于虚拟现实、增强现实等可视应用的推广，作为教学过程中的工具为学生带来直观的感官冲击。最后，资源共享是一种新型的学习模式，远程同步学习将变成现实，真正做到城乡教育资源的平等和均衡。[①]

5G语境将创新防震减灾科普宣传形态。5G技术在防震减灾科普宣传活动领域的应用，延展了讲座、展览或者活动等主导的传统线下互动模式，呈现出线上平台主导+线下互动辅助的形式。这种新的线上、线下结合的传播形态，从防震减灾科普活动文字图片为主导的传播形式，提升到了基于视听语言的立体影像新形式。在5G技术赋能下，互联网的带宽、传播速率与展示效果大幅提升，提升了跨终端的媒介资源利用和整合效应，实现了防震减灾内容推动、信息多平台传播与受众接受之间的良性发展与互动。此外，还可以利用基于5G技术生态的Unity3D虚拟引擎技术制作抗震救灾虚拟仿真科普平台，采用VR灾害体验馆、AR图像识别及其搭建的三维模型虚拟人机交互操作界面，进行防震减灾科普、内容传播、资料展示与用户分享。[②]

5. 元宇宙技术

① 王小明，张光斌，宋睿玲. 科普游戏：科普产业的新业态［J］. 科学教育与博物馆，2020，6（3）：154-159.
② 权腾龙，张慧峰，李志恒，等. 5G技术背景下防震减灾科普宣传活动的传播策略［J］. 地震科学进展，2022，52（10）：495-500.

元宇宙是基于数字技术而生成的现实世界镜像，具有虚实融合、低延迟高效运转、用户身份重塑、全局性、可感知性、可扩展性和创造性等特点。元宇宙是一个新的概念，学界称2021年是"元宇宙元年"。元宇宙是一个延续VR/AR技术，将其拓展为虚拟世界的"平行宇宙"，其与现实世界高度互通、虚实共生融合。具体而言，元宇宙是一个虚拟与现实高度融通，且由闭环经济体构造的开源平台。其基于虚拟现实（VR）、增强现实（AR）、人工智能（AI）、脑机接口（BCI）、数字孪生等技术而生成现实世界镜像。元宇宙既是一种建立在数字技术基础上的未来虚拟世界，又是一种现实社会关系的延展运动，具有虚实融合、低延迟高效运转、用户身份重塑、全局性、超现实的自由和创造性、可感知性、可扩展性等特点。①

元宇宙以数字技术为基础形成虚实融合的社会形态与超越现实的沉浸式体验。其空间延展性和用户可进入性强，支撑大规模用户同时在线，网络状态稳定信号强，实现了真正的低延迟高效运转。随着数字技术的创新应用，元宇宙虚拟空间不断拓展，用户将被形塑类似现实世界中的独一无二的新身份。元宇宙之所以具有超现实的自由和创造性，根本在于元宇宙技术应用增强了事物之间的联系和解蔽作用。用户时空限制极大减弱，通过元宇宙终端进入虚拟世界，每个用户均参与规则制定，创造独特规则和玩法。在元宇宙虚拟场景中，用户身心放松，行为相对更自由，可最大限度地发挥创造力，在创新创造中获得超现实的感受和体验。元宇宙借助去中心化底层技术重塑元宇宙的数字经济体系。去中心化交易载体、组织机构是元宇宙经济的重要基础。元宇宙中的对象在身份建模、社会计算等技术的支持下，拥有独立的身份、思维、行为及社会关系。社会产生于人与人的互动联系，是社会关系的网络。元宇宙正是基于进入这个空间的所有人的相

---

① 宋雨轩. 元宇宙视域下农业气象科普与公共服务协同创新探赜［J］. 农业与技术，2023，43（04）：173-176.

互交互逐步构建而来。元宇宙社会人身份平等高度契合，合作性去中心化作用力强。元宇宙数字技术作为新的生产力，渗透到各种生产力要素中，强烈作用于经济基础和上层建筑。数字技术应用产生去中心化扩散机构，呈现"拟态域"制度结构。①

科普有着与"元宇宙"非常契合的场景。从苍穹之顶到海底深渊，从古代文明到现代世界，从自然万物到星辰大海，元宇宙相关技术可以扩大教育的机会，让受众去探索由于空间、时间或经济成本障碍而无法进入的环境，直观地了解其背后蕴含的科学原理，穿越到任何一个时刻里了解历史事件的来龙去脉，在虚拟世界中模拟或解决现实问题。科普与元宇宙理论融合是一种尝试，目的是创造虚实融合的新型知识组织、管理与服务的生态系统。探索元宇宙在科学普及工作中的应用领域，有助于加快科普事业的数字化升级，实现科普事业的虚拟场景与现实场景的融合，从单纯平面感知发展到复合多元感知的沉浸式知识服务体验，进而为科普活动打造线上线下一体化、深度融合的新型知识组织、管理与服务生态系统。②

科技场馆作为科普教育基地，其重要功能之一就是激发青少年的好奇心和想象力，增强其科学兴趣、创新意识和创新能力，继而帮助培育一大批具备科学家潜质的青少年群体，为加快建设科技强国夯实人才基础。博物馆行业通过直播、线上展览、短视频等方式在虚拟领域提供教育机会，吸引更多观众参与到博物馆的活动中。数字世界中蕴藏着更加巨大的潜力，许多机构和组织开始尝试在虚拟空间中展示博物馆的内容以及举办教育活动，试探性地探索"元宇宙"，包括设计数字藏品、策划数字展览、组织虚拟论坛、发展观众社区，打造沉浸式体验并考虑游戏化参与方式。随着文

① 宋雨轩.元宇宙视域下农业气象科普与公共服务协同创新探赜［J］.农业与技术，2023，43（4）：173-176.
② 辛昊，黄伊霖，娜迪拉·阿里根.科技禁毒与科普元宇宙融合的新尝试［J］.科技管理研究，2022，42（20）：204-209.

化与科技的深度融合，文化产业正在发生变革，从需求侧向供给侧逐步深化，推动场馆服务模式、运行模式和管理模式的数字化再造。如何将博物馆的文化与"元宇宙"的技术相结合，推动打破虚实界限的新混合业态的建立，打造无界、可达的科普教育大平台，"元宇宙"为场馆数字化转型提供了一种新的思路，成为催生场馆进行变革的内生动力。[①]

结合场馆特征，从赋能科普教育的需求出发，科学普及中的"元宇宙"将重点关注以下关键要素：一是虚实共生。VR/AR对于科技场馆来说并不是新的技术，在过去的5—10年中，VR/AR技术就被应用到展览中。如通过佩戴VR眼镜使观众沉浸在一系列真实或虚构的环境中，或者借助AR，将展项相关的图像、视频和声音等多媒体内容叠加到现实环境中。但这些应用多数以展示为主，缺乏或极少有与观众的互动，与"元宇宙"所提倡的虚实共生的环境仍有差距。随着未来技术的进步，互操作性将进一步得到提升，虚拟世界和物理世界的连接将更加无缝，用户线上线下的数据将被完全打通。无论用户走到哪里或者做什么，大量连续性的数据将持续更新、交换，最终达到虚实相生的体验。二是多感官体验。科普内容的传播和实践不再受到时间和空间的限制，比如，可以使用虚拟动物而不必解剖真实动物，可以"真实"地看到行星在运行，火山在"眼前"爆发。科学理论知识不再仅仅是通过阅读和观看获得，而是聚合多元技术形态，形成虚实融合的沉浸式视觉在线教育新形态，将视觉、听觉、姿态、手势、触觉等多种感官调动起来强化认知。受众可以在虚拟现实中直接体验，采取行动去感受它，在教育活动的每一个过程中进行尝试，让学习过程变得生动起来，获得在现实世界中很难有机会去实现甚至不可能完成的体验。三是多重数字身份。"元宇宙"中每个个体不再是单一的身份，而是多种复杂

① 蒋俊英，缪文靖.科技场馆中的"元宇宙"：定义、动因、要素及路径探讨［J］.科学教育与博物馆，2022，8（6）：14-18.

身份的组合，通过生物人、数字人、虚拟人、信息人等多样化形式多方位诠释一个个体的存在。人与人之间通过多重身份进行交互，同时各种数字身份将源源不断地产生数据并持续对环境进行更新。正如麦克卢汉在提出"媒介是人的延伸"时提出的"延伸人体的都是媒介"，"元宇宙"通过各种技术重组构建的数字生活，延伸了"人"作为媒介的边界。科技场馆中科普教育形式的设计应充分考虑到多重身份的机制，给受众营造虚拟与现实世界一体化连续性的服务体验。①

　　基于"元宇宙"的关键要素，结合科技场馆中科普教育本身的特性，未来"元宇宙"中的科普教育模式将呈现如下特征：一是内容与环境的转换。数字时代的来临、技术的更迭，让学习过程的数字化也在不断发生变化。对场馆的科普教育来说，知识的积累不再是线性的方式，而是形成一个集合了学科、技能和系统的跨领域生态体系，从物理空间面对面的教育活动、实体空间的展览，向虚拟与现实混合、沉浸式过程进行转变。科普内容的载体呈现多元化趋势，不再局限于单个形式，而是多种形态在空间中的组合展现，带来了更强大、更容易记忆的视觉效果，打造出真正的体验式场景，重构时空，让认知更迭。二是个性化需求的匹配。在虚实融合的世界中，观众可以身临其境地在各种环境中进行探索，而探索过程中所产生的数据和信息，可进一步利用人工智能和大数据技术进行分析，将有助于帮助场馆更了解其受众，提供更加个性化的需求匹配。数据的产生、利用及反馈形成了一种自循环的机制，持续优化科普内容的生产和传播。三是角色身份的转变。"元宇宙"提供了一种"人人创造"的机制，赋予参与者多元的身份与角色。观众将不仅仅是科普内容的接收者，他们将参与内容的共建甚至成为主导者，在虚拟世界和物理现实中穿梭、转换、融

---

① 蒋俊英，缪文靖.科技场馆中的"元宇宙"：定义、动因、要素及路径探讨［J］.科学教育与博物馆，2022，8（6）：14-18.

合，提升创造力。而场馆则开始扮演促进者或者观察者的角色，作为通往虚拟世界和沉浸式教育的向导，关注这一过程中多通道信息的收集与研究，不断优化体验场景，形成"优化—验证—反馈"的PDCA闭环反馈机制。四是游戏化的学习机制。"元宇宙"的缘起与游戏相关，但并不等同于游戏。游戏为"元宇宙"提供了日趋成熟的基础设施，"元宇宙"赋予了游戏技术新的意义。科技场馆拥有丰富多样的科普知识，可围绕自然、科技、历史等跨学科的内容，融合技术的力量和实体场馆的特点共同构建能够让观众身临其境的"游戏性学习"模式，鼓励受众主动参与，进一步提升受众的临场感，通过接近真实的虚实共生的交互方式将有趣的数字体验转变为具备教育意义的体验，培养受众的创新思维。①

（二）内容与形式多样化

1. 科普内容多样化

科普传播既包括科学知识的普及，也包括全民科学素质提升的相关内容。如对青少年的科学素质提升以科学知识教育、实验技能培训为主，侧重于对科学精神、好奇心和想象力的培养，注重对提出问题的能力、创新思维能力、逻辑推理能力的培养。对农民的科学素质提升，主要围绕提高科学生产、创新经营能力进行，提升农民精神风貌，树立文明乡风，激发农民振兴乡村的内生动力。对产业工人而言，则以提升技能素质为重点，打造一支有理想守信念、懂技术会创新、敢担当讲奉献的高素质产业工人队伍，更好服务制造强国、质量强国和现代化经济体系建设。对领导干部的科学素养提升，聚焦加强科学精神、科学思维、科学方法培养，全面提升科学决策及治理能力和治理水平。网络新媒体技术、人工智能、大数据、

---

① 蒋俊英，缪文靖. 科技场馆中的"元宇宙"：定义、动因、要素及路径探讨［J］. 科学教育与博物馆，2022，8（6）：14-18.

物联网等技术的应用，一方面为原有的科普产品和科普服务增添了新的功能、扩展了服务范围、提高了服务的质量和品位，另一方面，也极大地丰富了科普产品和科普服务的种类与内容。在各种新技术的应用与加持下，融媒体语境下科普内容呈现出多样化的特征。

一是科普内容学科领域多样化。当下的科普内容十分丰富，不仅涵盖物理、化学、生物、日常生活科学常识等，还涵盖了医疗健康、校园教育、财经、应急科普、防灾减灾、海洋、气象、文化、旅游、工业等行业领域的各个方面。科普内容不仅涉及前沿科学创新及科技进展的普及，也包含先进技术应用的普及。

二是科普内容选题多样化。科普内容的选题涵盖面广，如围绕对经济社会发展有着重要影响的新科技、新领域，开展"碳中和、碳达峰"专项科普；根据当前和长远的需要，开展"人工智能"专项科普；根据当前气候变化下极端灾害频发，开展防灾减灾专项科普；对应不同层次的人群，如党政干部、青少年、农民等，开展专项科普；针对薄弱地区和区域，如中西部地区、乡村地区，开展专项科普等。

三是科普形式多样化。当下科普形式既有线下科普讲座、科普报告、借助重大科技节日如全国科普日、全国青少年科学影像节、科技工作者日等为契机开展科普的传统形式，也有结合相关时间节点和社会热点、突发公共卫生事件而开展的实时化场景化形式，还包括线上依据大数据和人工智能进行用户画像之后进行受众细分、个性精准推送的网络形式。未来以群众参与度、互动度高的泛在、精准、交互式科普内容服务将成为主流，可进一步提高与优化内容质量，使科学普及更加高效、便捷，提升趣味性与互动性。

四是科普内容生产创作多样化。在对科普产品内容的科学审核前提下，用户生产内容（user generated content）和专业团队生产内容（professionallyproduted content）相结合的众筹众创模式将成为科普内容生产的新模式。内容创作的主体涵盖了科学家、科普机构、科普爱好者等多元群体。内容信息的生产从人工创作扩展到人机协作、AI写作、以"中央厨房"机制为代表的融媒体内容生产等多种方式。

五是科普内容表达载体多样化。融媒体背景下科普内容的表达形式既包含图文等符号化的表达形式，也包含非符号化的表达形式如视频、音频、动画等。表达的载体平台融合"两微一端"、报纸、期刊、电视、广播，以抖音、快手、西瓜视频、哔哩哔哩为代表的短视频平台以及其他传播渠道等，丰富了内容表达的形式，提高了科普传播触达公众的效能。

2. 科普形式多样化

随着网络新媒体技术、人工智能、大数据、物联网等技术的应用，科普形式呈现多样化的发展态势。本书选取当下代表性的科普形式如科普影视、科普短视频、科普漫画、科普游戏、科普旅游、科普场景等，介绍未来科普平台在科普形式方面的多样化趋势及发展方向。

（1）科普影视

科普影视作为科学文化传播的一种重要方式，在当前我国公众科学素养提升中发挥着重要的作用。科普影视将科学文化知识普及与影视艺术有机结合，寓教于乐，为广大观众所喜闻乐见。在众多科普方式中，科普电影发挥着不可替代的作用。尤其是近年来科普电影渐渐走进全国各地的科普场馆，结合球幕、巨幕、4D、动感等特种电影放映形式，演变为特效科普电影，受到观众的普遍认可和喜爱，逐渐成为科普场馆的重要科普手段。通过科普电影作品的方式向公众普及一些看上去比较高深但在科学中普遍的现象或概念，对消除公众对科学高冷的认知，从而引导广大青少年投身科学创造、消除公众对科学的误解具有十分重要的意义。

　　融媒体时代，新媒体的蓬勃发展为科普影视提供了更加先进、智能的平台，科普影视制作与传播的空间和维度都得以拓展。借助互联网和移动通信的强大架构体系和技术优势，科普影视传播媒介变得更加丰富。除了传统电视、电影外，由新媒体衍生的短视频和微电影等丰富了科普影视的类型和表现方式。互联网视频平台和移动终端视频App，如抖音、快手、央视影音、腾讯视频、优酷、爱奇艺等，还有图书馆和博物馆内屏幕、室外媒体、商超广告、社区宣传及车载广告等，这些能够播放和观看视频的载体，都成为科普影视的传播媒介。①

　　融媒体时代，人们对科普影视的内容生产和视听体验提出了更高要求，用户个性化需求不断增强。受制于用户需求驱动，科普影视内容生产的核心地位愈发凸显，在大数据（Big Data）、物联网（LoT）、人工智能（AI）、虚拟/增强现实（VR/AR）等技术加持下，科普影视内容生产转向智能化发展是大势所趋，进而会催生多种内容形态。在内容生产的智能化体系中，视频会占据主导地位，内容形式体现为组合和链接结构。相同内容或主题将会多形式制作、多终端展现及多屏互联互通，构成知识图谱式分类和链接矩阵，以便用户由点及面接收信息，获取全方位、立体化的知识体系。此外，科普影视内容生产的智能化发展更加注重用户的交互体验和意见反馈，以满足用户的多元化和个性化需求。定制化的内容会更加普遍，旨在为受众提供更加精细化服务。例如，融合视频和游戏的互动剧，通过数据收集与分析，凭借新技术实现用户互动体验。爱奇艺、腾讯视频、优酷、哔哩哔哩等都密集推出了互动视频创作平台与工具。国内很多科普场馆及影院与大数据、人工智能、VR/AR技术深度互联，实现互动型、沉浸式的观

---

①　孙玉超，师文淑. 全媒体环境下中国科普影视发展的基本特征和推进路径［J］. 科技传播，2022，14（15）：20-24.

影模式，屏幕、座椅等成为智能连接的终端设备，能实时反映用户观影行为和心理，再借助后台大数据分析来判别用户观影体验和偏好，以便将来推送更加精准的内容，提供更好的定制服务。

过去，我国传统科普影视在设备、技术、资金、传播平台等方面具有一定垄断性，作品大都由电视台科教频道、科教电影厂等特定公有单位完成，内容生产与发布具有权威性和专业性。融媒体时代，由新媒体衍生的科普影视内容生产由专业创作转向平民创作，更多社会普通人士开始参与创作，催生了大批科普视频"网红"自媒体发布者，不断涌现大量"民间制作"。随着这种趋势不断延续，科普影视大众化、平民化生产会进一步演进为全民化生产。自媒体平台优势不再凸显，随处可见的智能终端设备会取而代之。传播媒介和用户会趋于公共一体化。中国科普影视会形成一种内容海量、形式多样、充满个性化和多元化需求的全民跨界共创局面。

在科普影视方面，科幻影视产业也将成为我国科普产业发展新的增长极。随着人工智能、大数据、云计算、物联网和网络新媒体技术等先进技术的应用，越来越多的科幻作品将被搬上银幕或者制成微视频。特别是最近几年，中国科学技术协会每年都举办中国科幻大会，在为科幻界和产业界搭建交流平台的同时，也不断推出新的科幻作品和科幻作家，有力地推动了我国科幻产业的发展。而且，社会有识之士也看到了科幻产业的美好前景，将越来越多的资本投入科幻产业。目前，中国最大的科幻城正在四川省成都市建设中，它的示范辐射效应在不远的将来就会体现出来，科幻产业对科普产业实践发展的引领作用也会越来越明显。[①]

（2）科普短视频

近年来，主流媒体推出了一大批形式新颖、语态鲜活、内容多元、节奏

① 任福君. 新时代我国科普产业发展趋势［J］. 科普研究，2019，14（1）：38-46，70，108.

轻快的短视频产品，构建起新型主流媒体的话语体系和舆论影响力。随着媒体融合向纵深发展，传播形态已发生变化。静态变动态、无声变有声成为转型方向。短视频得到了快速发展，也成为继文字、图片之后出现的新的信息承载方式。在传播技术快速迭代的当下，视频化已成为一个不可逆转的趋势，未来短视频必将成为科学传播的重要渠道以及新型主流媒体建设的重要内容。根据2022年《抖音自然科普数据报告》显示，过去一年，抖音自然科普相关视频累计获赞11亿次，万粉作者数相比去年同期增长72%，短视频成为自然科普内容的重要传播形式。其中，天文、动植物科普成为自然科普内容的"顶流"。①

　　短视频新闻的出现为媒体焕发新的生机提供了可能性。短视频新闻以其强时效性、多样化题材、简明的叙事以及与社交平台结合的分发模式获得了广泛的关注，并迎来发展的黄金期。无论是其用户规模还是应用的数量，都得以快速提升。与此同时，短视频作为当前重要的传播形态，在信息传播领域备受青睐，不仅成为传统媒体占领新媒体领域传播高地的重要手段，短视频平台也成为传统媒体构建立体传播体系的重要一环。未来，在科普传播中，短视频将扮演着日益重要的角色，成为移动互联网时代人们获取新闻信息的主流方式之一。

　　科普短视频作为科普创作的一种形式，在创作和传播科学内容方面的优势主要表现为三点。第一，科普短视频符合当今社会文化背景下人们习惯于看到即时性的、短小精悍的信息这一特点。第二，由于短视频的形式要求，一条好的科普短视频通常至少具备三个特征：知识集中，精练有料；贴近生活，通俗易懂；生动活泼，形象有趣。这种形式不同于以往的创作方式，要求科普短视频的创作者对被加工的科学内容尤其"用心"，精挑

---

① 抖音发布自然科普数据报告：过去一年，11亿人次点赞相关视频〔EB/OL〕.封面新闻，2022-09-20.

细选，仔细打磨。每一次内容创作都要符合短视频的创作规律和传播机制，最终成型的作品一般也会是创作者的"用心"之作。这在一定程度上保证了作品的质量。第三，所谓"一频胜千图"。科普短视频展现内容的生动性、直观性、信息丰富凝练程度和交互性等，相较于文字、图像而言，更容易吸引更多的受众主动去接受信息，完成信源到信宿的传输，从而更加有效地实现向公众传播科学的目的。[①]

从当前媒介传播生态来看，短视频平台已经成为媒体发声的重要一环。短视频平台作为受众的聚合平台之一，对传统媒体而言，不仅仅意味着传播渠道的拓展，更多地意味着传播内容的多样化、互动化。2018年，中国新闻奖首设媒体融合奖项。其中，设立的第一项奖就聚焦移动端发布的短视频类新闻作品。这就再次佐证了短视频这种融媒体作品品类在未来势将成为主流媒体经常和规模化使用的报道手段之一。

当前，媒体纷纷在抖音平台开设账号，与其原有的微博、微信账号以及网媒渠道、头条渠道等账号构成立体传播矩阵，有效引导舆论，如重庆日报报业集团的上游新闻视频、华龙网视频等。除了主动入驻各大短视频平台创新新闻传播形式外，主流媒体还积极打造自己的短视频平台以抢占话语高地。各大主流媒体加快建设短视频的步伐，标志着短视频已成为媒体融合发展的必然产物。短视频具有短小精悍、内容丰富、传播速度快等天然优势，不仅赢得广大受众的青睐，亦成为立体传播体系搭建中的重要一环，正改变着用户的娱乐和社交方式，成为人们日常生活中的重要组成部分。随着融合进程的深化，不同领域开始重新审视短视频，并利用短视频开拓新的市场，实现自身价值的最大化。[②]

---

① 黄荣丽，王大鹏.科普短视频的现状与发展趋势刍议［J］.科普创作评论，2022，2（1）：12-18.

② 刘自良.媒体融合背景下新型主流媒体内容创新路径探析［J］.新闻研究导刊，2022，13（19）：123-126.

2018年以来，短视频呈现出大爆发态势。智能手机与网络技术的迅速普及，使短视频的制作、传播以及接收等突破了传统媒体时间、空间等因素的束缚，成为一种新兴的媒体传播载体，为人们带来了便捷的新闻资讯。

过去，报纸、电视是信息传播的主要途径，但随着移动互联网的普及以及智能终端的迅猛发展，人们通过手机获取信息已成为当下的主流。对传统媒体而言，拥抱短视频是应对去中心化和碎片化传播环境的必然选择，也是媒体融合报道的新路径。在媒体深度融合中，科普传播的形态趋于多样化，生动、有趣、可视化程度高的报道形式才能迅速抓住受众眼球。尤其是在一些时政新闻报道中，以用户思维为导向，采取大众喜闻乐见的短视频形式，能够激活信息报道，为信息传播赋能。伴随着移动设备的发展，短视频作为一种传播形态被大众广泛接受和传播。尤其是用户提供的"第一现场"短视频资料，实现了"用户生产"与"专业视角"相结合的视频内容生产模式，为传统新闻生产注入了活力。较之以往的记者采访、受众口述的信息采集方式，短视频形式能够更好地保证现场记录的高度还原，说服力更强。短视频这一形态更新了科普报道语态，丰富了科普报道形式，在科普信息表达方面颇具优势。以重庆日报微信公众号为例，其发布的时政新闻附带短视频内容已经成为一种常态。短视频新闻与文字结合给受众带来多重阅读体验，有效提高了新闻到达率。[①]

短视频能将文字、图片、音频、视频等多种传播符号融合起来，在十几秒到几分钟的时间内完整地报道新闻事件。相比传统新闻报道采用的图文和长视频形式，短视频在信息要素表现力和视觉冲击方面更具优势，并改变着传统新闻报道叙事的节奏、角度以及模式。从时间和空间距离看，短视频具有移动性，且内容扼要、短小精悍、渗透力强，受众可不受时空限

① 刘自良. 媒体融合背景下新型主流媒体内容创新路径探析［J］. 新闻研究导刊，2022，13（19）：123-126.

制，仅用很小的时间成本，就随时随地接收各类资讯。从叙事模式看，短视频采用"核心信息前置"的叙事模式——在开头将最重要、最精彩的核心内容呈现给受众，从而在第一时间抓住用户。从信息源及传播节点看，短视频报道者可以在任何时间地点上传、观看和分享内容，为报道提供了丰富的信息源和传播节点。从受众互动看，短视频新闻极具现场感和互动性，能做到视觉、听觉、触觉能力沉浸式体验的延伸。

（3）科普漫画

根据智研咨询发布的《2018—2024年中国互联网漫画行业运营态势及发展趋势研究报告》，我国网络漫画用户规模从2013年的2257万人上升至2017年的9725万人，5年复合增速达到33.9%。漫画凭借短小精悍、幽默有趣、图文并茂、简单直观的特点深受年轻人的喜爱，从众多科普形式和手段中脱颖而出，逐渐成为受大众喜爱、被科普创作者推崇的一种科普表现形式。随着我国漫画产业的日臻成熟，以漫画创作为核心带动周边产品开发等产业形态，带动科普开发从重事业而轻产业的传统科普发展思维中跳脱出来，将科普文化知识与漫画相结合，成为当今科学传播的重要发展方向。①当前科普漫画的应用主要集中在防灾与医学科普领域。

防灾科普是指将防灾减灾科学知识和技能，以通俗和趣味性的方式向公众普及，以增强公众的防灾避险意识，提升公民防灾科学素质。自2000年以来，防灾漫画科普在不断发展、拓新，漫画形式在科普产品中的占比日益增加。在政府层面开展防灾科普的有福建省地震局于2006年制作出品的中国第一部防震减灾科普动漫《蟾童》。地震出版社于2008年出版漫画《地震来了怎么办》。2009年出现了动漫剧《米拉历险记》。再有《皮皮历险记》《笨笨狗闯魔城》《吉祥宝贝斗震魔》《地震知识智慧闯关》《飞跃地

---

① 赵里安，王晓民.防灾科普漫画绘本创作的实践和思考——以《牛牛和妞妞》为例 [J].城市与减灾，2021（6）：48–53.

心》《图说灾难避险逃生自救科普丛书》等漫画书籍或动漫产品络绎不绝，推陈出新。

防灾科普漫画作为一种大众读物，立足于普及防灾科学知识和技能、传播防灾理念和思想，主要有三个特征。一是知识性。传播科学知识是创作防灾科普漫画的根本目的。漫画及绘本属于传播的方式和媒介，知识性是其根本属性。二是艺术性。漫画运用夸张、拟人、比喻、象征等手法来描绘生活、反映事实，使读者在绘画审美中潜移默化地吸收科学知识。三是探索性。科普漫画具有引导读者培养科学探索精神的突出特征，保持思考和探索是科普漫画创作的重要原则。

漫画在防灾科普传播中具有独特的优势，主要表现在以下方面：一是漫画的表现形式更为直观。漫画形式降低了防灾科普的门槛，使得一些晦涩难懂的科学知识变得通俗易懂，有助于记忆与传播。二是漫画的表现力更为丰富，感染力强，具有鲜明的艺术性与个性。三是漫画及绘本的形式能充分发挥连贯叙事特点，增强故事性和趣味性。以画面为主，另加少量文字引导的方式，能更完整地表达科学知识。四是漫画更能调动公众学习知识的积极性，特别是能有效引导科普传播的主力军——少年儿童的探索精神。①

科普通过披上漫画这件多彩鲜艳的"外衣"，在新媒体语境下极大地增强了自身的吸引力和传播力。科普漫画将需要传达的科学知识和科学理念融入故事中，让文字内容与漫画相得益彰，使科学中有故事，故事中有科学。科普漫画的"趣味性"最主要的特征表现为文学性与科学性的融合，即运用文学艺术体裁来描绘科学知识内容，用艺术形式来概括科学材料，同时用艺术方法来解读科学知识。正是文学艺术体裁的利用才能将严肃的

---

① 赵里安，王晓民. 防灾科普漫画绘本创作的实践和思考——以《牛牛和妞妞》为例［J］. 城市与减灾，2021（6）：48-53.

科学内容表现得生动有趣。科普漫画发展到现阶段，已经不再拘泥于文字图形的叙述，而是从艺术的角度出发，不断地开辟多种多样的新途径。例如，腾讯医典在科普抑郁症的相关知识时，不是按照中规中矩的说明式的方法进行讲述，而是在英国前首相丘吉尔一生与抑郁症抗争的人生故事中巧妙地穿插抑郁症的知识点进行叙述，让科普兼备故事性与知识性，以及科学性与艺术性。[①]

相对于其他科普形式，医学科普漫画最大的优势和特点是能巧妙地运用夸张、比喻、象征、拟人等修辞手法，将晦涩难懂的医学知识进行形象化和通俗化的信息编码，转化成普通大众熟知的常识经验，使之符合大众的理解水平和思维习惯。紧跟公众的兴趣和热点，引用热门流行的生活俗语、网络用语和幽默段子等，可将知识阐述情境化和段子化，做到知识性和趣味性兼备，让科普变得平易近人而又喜闻乐见。[②]

医学科普领域内容层次丰富，涉及范围广泛，既包括具体的器官细胞、细菌、病毒、疾病、养生知识和常见的医学卫生常识、医学现象，还包括医学发展历史进程、医学思想以及最新的医学发展成果和新动向等。相对于科普文章，医学科普漫画图文结合，运用比喻、类比和夸张等手法化抽象为具象，化复杂为简单，化内隐为外显，在现今以图载道的读图时代，更加符合公众的阅读习惯。相比于科普动画和视频，医学科普漫画短小精悍，创作方便简单，制作周期短、成本低，能即时快速地呈现效果。

在"健康中国"上升为国家战略的时代，医学科普漫画作为医学科普的重要表现形式，在互联网新媒体快速发展的大背景下，应该把握政策和技术的发展契机，抓住新媒体的风口和发展潮流，赋予医学科普漫画作品

① 曾文娟.新媒体语境下医学科普漫画的现状与发展策略——以小大夫漫画、腾讯医典和混知健康为例［J］.科普研究，2022，17（3）：54-61，107-108.

② 曾文娟.新媒体语境下医学科普漫画的现状与发展策略——以小大夫漫画、腾讯医典和混知健康为例［J］.科普研究，2022，17（3）：54-61，107-108.

更强的吸引力、生命力和影响力，让新媒体医学科普漫画发挥更大的优势和作用，从而走得更高、更快、更远。

（4）科普游戏

随着多媒体和可视化等高新技术的逐步优化，游戏被运用于科学传播，衍生了科普游戏这一新领域。在5G时代，科普游戏已成为一种新的科普教育方式，移动科普游戏将是科普游戏的主要构成之一。移动科普游戏不同于传统的网络单机游戏或手游，是以移动终端为载体，集成科普知识、展品藏品、音视频等多形式数字内容，利用云计算、VR/AR等技术支持，以科学传播为主要目的，具有较强科学性、知识性、教育性，同时注重娱乐性、趣味性、互动性的一种游戏形式。科普游戏基于科普影片的开发基础，拓展不同的产品类型，将吸引更多的年轻受众，将科普影视产业引向纵深。科普视频游戏化，游戏科普视频化，双向互动催生的科普视频互动剧将是未来科普影视与游戏融合的新方向。①

科普游戏作为科普产业新业态，实现了教育性和娱乐性的有机结合。科普游戏利用游戏的方式来设置或强化学习的过程，让玩家在知识的获得、技能的获取中，既有激励的梯度感，又有内在动因带来的成就感，是一种特定类型的教育游戏。科普游戏与娱乐游戏相比，有着显著的区别。从产品定位来看，前者利用游戏设置的学习方式来强化学习过程，后者则重视游戏结果（经验值、点数）和体验获得。从关注点来看，前者更加关注科学与文化的传播，特别是科学原理和科学精神的表达，后者则更加关注娱乐性、对抗性和竞技性。

科普游戏凭借富媒体传播、互动性传播、无边界传播等特性，成为承载科学文化知识的有效载体之一。同时，因其故事性和情节性，而更具感

① 叶晓青，张萍，王小明. 5G背景下我国科普影视发展的趋势和对策［J］. 东南传播，2021（5）：50－54.

染力和亲和力。以上海科技馆与上海完美时空软件有限公司等合作开发的《长江三角洲物语》科普游戏为例，玩家通过游戏，历经长三角地区新石器时代的自然地理事件，与各种动植物亲密互动，从而了解人类定居生活初期与自然的关系，理解现今生态文明发展理念的意义。

科普游戏是科普产业集聚与价值重构的纽带。科普游戏是一项系统工程，已初步形成开发、运营、服务的产业链。首先，游戏的开发计划往往涉及多领域、多主体。将企业进行数字化教育产品生产的实践，与场馆的展教经验对接，并引入一流的文艺创作团队，可增强科普产业的集聚效应。科学教育的功能、文化消费的形态、艺术创作的高度都将因此更具竞争力。其次，把科普通道从传统的渠道输出，转化为高效的游戏化学习，可打破时空限制，最大化提升科普场馆教育资源的利用率和受益面，以科普内核促进激发市场活力。①

当下，我国各大博物馆都对科普游戏进行了尝试。例如，武汉植物园的《植物寻宝》以二维码扫描作为技术支撑，将线上与线下活动巧妙连接。玩家可持智能终端到植物园寻找植物，比一比谁找得快、找得多。重庆自然博物馆与卓谨信息科技（常州）有限公司合作开发了《VR与古熊猫"复活"》，让观众可以动态观察化石发掘、骨骼装架和形体复原的过程。上海科技馆推出了《江海寻踪》《欢乐交响曲》《摩擦力精灵》《轮船首航记》《垃圾特工队》等5款在线科普游戏，涵盖生物、音乐、力学、交通、环境等学科，以闯关的形式传播科学知识，提升了场馆的品牌影响力。

（5）科普旅游

科普旅游是将科普与旅游有机结合，对旅游地的科学要素和成分进行深层次挖掘，依托科技展览、科技研究、科技探索、科技场馆等方式与

---

① 王小明，张光斌，宋睿玲. 科普游戏：科普产业的新业态［J］. 科学教育与博物馆，2020，6（3）：154-159.

场所，以及科技含量较高的自然环境和高科技产业进行的全新旅游方式。[①]
从形式来看，科普旅游更加凸显了科学普及科学文化和科学精神等内涵，
能够让人们在观光游览的同时，了解到相关科学文化和精神，有助于推动
社会文化知识的传播，推进精神文明的建设，提高公民科学素质。[②]科普
旅游基地是开展科学文化普及活动的重要载体。以科学文化资源为核心，
按照旅游发展的规律，依托科普旅游基地自身的文化和资源优势，充分实
现科普旅游的教育功能与社会功能，构建科技创新与科技普及协同的文化
和旅游科普体系，对赋能文化产业和旅游产业现代化具有重要意义。科普
旅游在西方已经拥有近百年的历史，20世纪30年代前后，西方一些汽车
厂商向公众敞开大门，邀请公众来工厂参观生产线，并展示诸如内燃机工
作原理等科技知识，这是科普旅游的最初形态。现在，西方已经形成非常
完整的科普旅游体系，我国则处于初步发展阶段。[③]

　　丰富科普传播的内涵。科普旅游是适应当前人们多样化、多层次、多
形式的旅游需求而发展，有着特别的教育功能的文化旅游形式，在提升公
众的科学文化素养以及传承科学文化精神方面有着不可替代的作用。科普
旅游将成为旅游产业发展的新方向和新业态。"科普＋旅游"的科普工作模
式壮大了科普受众的范围。同时，旅游活动与科普工作相结合，将旅游业
的经营理念引进科普管理中，可以增强科普事业的活力。对于旅游事业而
言，以科学知识、科学精神作为旅游亮点，不仅能吸引游客，还可以满足
旅游者在休闲娱乐的过程中获取科学知识的需求。同时，"科普＋旅游"模

①　缪芳，高云飞.旅游服务供应链视角下科普产品开发研究［J］.管理观察，2019
　　（30）：71-72.
②　郭子宇，王佩之.茶旅融合视角下山地茶园科普旅游开发策略——以古丈为例［J］.
　　现代园艺，2023，46（6）：45-47.
③　高晓天.新媒体视域下沧州科普旅游景点内涵建设和品牌传播策略研究——基于沧州
　　科普旅游基地的调查报告［J］.传播力研究，2020，4（14）：34-35.

式也丰富了旅游的文化内涵，能够改善旅游产品同质化严重的问题。①

促进当地经济发展。科普旅游是由传统观光旅游向"旅游+"模式的过渡。农业领域的科普旅游基地多数位于经济不发达的乡村地区，可通过发展科普旅游，为乡村观光旅游的发展寻求到新的亮点。科普旅游的发展不仅可以带动乡村文化产业振兴，还可以为社会提供更多的就业机会，转移乡村的剩余劳动力，直接促进村民脱贫致富、农村和城镇人口的双向交流，适合当前农村旅游业可持续发展的要求。②

从乡村的科普旅游到特定的文化旅游，可以看出旅游的深厚潜力不仅在于经济增长，还在于传递文化价值，我国的传统文化在这方面有独特优势，其中比较有代表性的便是茶文化旅游。中国的茶文化历史悠久，是人们在日常生活中逐渐形成的一种注重物质和精神享受的活动。从物质层面来说，茶树种植、茶叶采摘、茶叶制作等技术的进步，使茶叶泡制的口感和色泽逐渐提升，茶叶品质不断得到提高，人们对茶叶的需求越来越多。从精神层面上来说，与茶叶相关的中国传统文化、养生文化、礼仪文化的广泛传播，使茶叶在中国不仅仅是简单的饮品，更是寄托了中国人的历史文化传承与情感。③

除此之外，比较有代表性的科普旅游形式还有地学科普旅游。地学科普旅游是以地质、地貌景观与人文地理景观为载体，以其所承载的地球科学、历史文化信息为内涵，以寓教于游、提高游客科学素质、带动贫困地区经济发展为宗旨，以观光游览、研学旅行、科普教育、科学考察、寻奇探险、

① 缪芳，高云飞.旅游服务供应链视角下科普产品开发研究［J］.管理观察，2019（30）：71-72.
② 缪芳，高云飞.旅游服务供应链视角下科普产品开发研究［J］.管理观察，2019（30）：71-72.
③ 甄莎.茶文化旅游与地学科普旅游的融合路径研究——以信阳为例［J］.四川旅游学院学报，2020（5）：44-47.

养生健体为主要形式的益智、益身旅游活动。地学旅游的客体包括古生物、矿产、火山、冰川、地震、沙漠、海岸、海岛、洞穴、湖泊、河流、泉水、观赏石、宝玉石等。地质遗迹和地质景观是人类历史文化和自然遗产的重要组成部分，作为天然的科普知识载体，可以使人们在参观游览中，学习相关的科学知识、科学方法、科学思想和科学精神，促进科学文化的传播，促进人类文明素质的提升。

（6）虚实结合的场景化传播

随着5G时代的到来，更大带宽的数据传输能力使得VR、AR等场景型技术更普遍地投入传播实践，场景化传播成为继内容、形式和交往后媒体的又一核心要素。不同于线下社会中地理空间营造的场景环境，线上互联网用户的信息交互往往没有明确特定的场景氛围。这在一定程度上会影响用户对信息的获取、加工和认知，进而影响传播效果。场景化传播将网络用户带入到某一特定场景氛围中开展信息交互，在这种情况下场景也成为可感知的信息，带给用户如同线下空间的临场感。[①]

在新闻报道中，虚实结合的场景化报道已然投入实践。如在"天问一号"发射直播节目中，央视新闻首次基于AI+VR智能虚拟现实制作技术搭建了虚拟演播室，模拟火星表面环境，使得置身其间的主持人和嘉宾犹如站在火星表面进行播报。而后在北京冬奥会期间，Discovery（探索频道）的Cube演播室打造了一个完整的沉浸式体验虚拟演播室，帮助位于英国伦敦的Eurosport（卫星和有线电视体育频道）在虚拟场景中报道冬奥会赛事。观众不仅可以观看到身在高山小屋中的解说员对赛事的讲解，还可以看到北京白雪皑皑的山脉高清全景图像。

此外，虚实结合的传播场景已应用于主题宣传活动。城市地标建筑等

① 任吴炯. 智能传播技术在主流媒体重大主题宣传中的应用分析［J］. 现代视听，2023（2）：14-19.

是城市形象建构和推广的重要名片。借助AR技术，北京三里屯、上海东方明珠等城市地标以AR形象出现在快手用户的手机终端上，用户既能够从三维立体的视角自主观赏、开展互动，又能够产生接近现实但不同于现实的虚实结合新体验。2022年2月，成都天府熊猫塔现场呈现了一场AR光影秀，现实建筑物熊猫塔两侧同时出现虚拟冬奥会吉祥物"冰墩墩"与大运会吉祥物"蓉宝"，赢得当地民众围观欢呼。在2021年7月的"伟大征程"文艺演出中，导演组通过应用AR、VR技术，实现了在鸟巢大型户外舞台中背景、光线的即时变化，将演员融入场景，用场景烘托人物形象和情景呈现，带给现场和云端观众炫酷、震撼的视觉效果体验。①

三、研究中存在的问题与未来展望

（一）研究中存在的问题

本书的研究对象是科普示范平台的科学传播，研究主题为融媒体背景下的科学普及示范平台建设。梳理科学传播研究类别下的既往研究成果，未见对这一主题的系统性研究，因此本书的选题具有一定的创新型和开拓性，但也缺乏过往研究成果作为参照。笔者从分析融媒体语境下科学普及工作的机遇与挑战入手，以科普与科技创新"两翼论"为基础，结合大量科普平台及栏目的实践案例，搭建科普示范平台效能研究的指标体系。在此基础上，分析了科普平台如何在具体的科普实践中优化提升科普效能，并对科普平台及栏目的研究成果、建设成果进行了总结，展望了未来发展趋势，取得了开创性的成果，但也存在一定的研究局限性。局限性主要体

① 任吴炯. 智能传播技术在主流媒体重大主题宣传中的应用分析［J］. 现代视听，2023（2）：14-19.

现在研究方法及相关数据收集两个方面。

1. 研究方法的局限

本书主要采用了文献研究法、案例研究法、比较研究法、定性与定量相结合的研究方法，具有显著的实证研究特征。其中科普示范平台效能评估指标体系的搭建及应用，也是在实证研究基础上进行。自从实证研究方法进入我国科学传播领域之后，科学传播研究的精确性和科学性得到很大程度上的提高，研究方法和体系更加丰富和完善，取得了丰硕的研究成果，在一定程度上推动了科学传播学的进一步发展。但在科学传播实践的不断深化发展中，实证研究暴露出各种不可避免的缺点。本书的研究局限性，也主要来自实证研究方法的应用。

一是现实中的应用困境。实证研究本身具有复杂性和艰巨性，调查获取一手资料相当困难。尤其是科普示范平台缺乏过往研究样例，研究方法选择和案例数据获得都存在相当的难度。实证研究强调以经验事实为基础，而对经验事实的把握无法完全摆脱主观的影响。调查研究是"采用自填问卷或结构式访问的方法，系统地、直接地从一个取自总体的样本那里收集量化资料，并通过对这些资料的统计分析来认识社会现象及其规律的社会研究方式"。①调查研究收集资料之前，要对所问询的问题做出事先的准备，并将这种准备以标准化的工具（问卷或结构式访问表）反映出来。本书的调查研究中，经验事实的获得及研究工具如问卷及指标体系的设计上，会不可避免地表现出研究者的目的性、选择性以及研究者既有理论和知识的影响与渗透。

二是实证研究需要耗费大量精力，所获得的一手资料很难确保绝对的准确性和客观性，在一定程度影响了实证研究的可信度与结论的可推广性。如问卷调查法，问卷的设计标准需要根据研究假设来设计，而提出研究假设

---

① 风笑天. 社会研究方法［M］. 北京：中国人民大学出版社，2022：157.

需要经过严谨的理论推导。在调查过程中如何保证被调查者填写的问卷具有客观性和准确性是一个非常重要的问题。本书大量采用了案例研究方法。案例研究是选取典型案例，详细描述现实现象是什么、分析其为什么会发生，并从中发现或探求现象的一般规律和特殊性，导出研究结论或新的研究命题的一种方法。案例研究适合于调查不易从产生现象的社会环境中分离的行动或者是复杂的过程，适合研究与时间有关的问题，有助于描述重要变量发现变量之间的因果关系。但案例研究也存在局限性，如样本规模小、过于依赖特定情境，由于情境的复杂性难以区分要素之间的联系，数据收集方法的统一性等。以上问题，笔者在本书的研究过程中深有体会。

三是实证研究在理论提升方面存在短板与不足。目前，科学传播领域的实证研究还处于起始阶段，其实证研究的学理知识含量较低，容易出现"只见描述不见解释"的状况。实证研究不仅重视"是什么"，还要解释"为什么"。而当前科学传播领域的实证研究，还没有产生具有广泛影响力的理论观点和研究范式。本书研究的理论基础及提出的研究范式，尚待在后续的研究中进一步确认、丰富、发展和深化。

2. 数据收集的局限

案例数据的收集在实证研究中的重要性毋庸赘言。在具体的实证研究过程中，确定研究选题，通过理论推导提出研究假设后，要围绕研究假设收集数据。且数据收集要遵循两方面要求：一是收集的数据要同研究假设中的概念相一致，即将假设中的概念转换为数据；二是数据要完整、合理、力求准确。当数据收集完毕，研究者要设计实证计量模型，将零散的数据组合起来，以便于进一步分析。本书的研究数据获取难度较大，存在数据质量不一、标准不统一、缺乏连续性、个案研究缺乏代表性等问题。

本书研究过程中所选取的案例数据，部分来源于自有数据，如科普中国、科创中国及《院士开讲》栏目相关数据，数据质量准确可靠。而其他数字平台科普栏目和科普示范平台研究案例数据来源于相关研究论文及报告，数据质量及准确性不能完全保证。各平台及栏目的数据并非分布在同一时间段，因此很难对各平台及栏目运用科普新技术及策略造成的传播效能差异进行横向对比分析。本书研究对象为科普示范平台的科学传播，作为一个全新的研究领域，缺乏前期研究成果及数据。在研究过程中，除自有数据外，笔者很难获得其他平台及栏目3—5年持续的数据样本，无法从纵向呈现科普平台及栏目的发展趋势且深入分析要素及科普效能之间的数据相关性。

此外，本书有关"科普中国"及"科创中国"的个案研究，涉及的案例样本数量较少，在确定研究要素及结论之间的因果关系上存在局限，研究结论还需后续研究来进一步确证。

（二）未来研究方向与挑战

澳大利亚传播学者T.W.伯恩斯认为，科学传播的目标与价值就在于使用恰当的方法、媒介、活动、对话，让公众能对科学产生意识、兴趣、理解和愉悦的情感反应，能形成自己关于科学问题的判断和观点。[①] "从内容上看，它是一种知识传播，从实践上看，它是一种文化实践。科学传播的过程是知识从科学的掌握者到非掌握者的迁移，也是二者关系的一种重新构建"[②]。科学传播所传播的是"科学、技术及相关的文化知识"。

对于"知识"的概念，1996年，世界合作与发展组织（Organization for Economic Co-operation and Development）在《以知识为基础的经济》[③]

---

① 唐英英，译.科学传播的一种当代定义［J］.公众理解科学，2003（12）：183−202.

② 莎拉·戴维斯，玛雅·霍斯特.科学传播文化、身份认同与公民权利［M］.朱巧燕，译.北京：科学出版社，2019.

③ 经济合作与发展组织.以知识为基础的经济［M］.杨宏进，薛澜，译.北京：机械工业出版社，1997.

一书中，首次肯定了人类知识中既包括已经编码的显性知识，也包括那些"只可意会但难以言说"的默会知识。默会知识是一种概念，英文名tacit knowledge，又称"缄默的知识""内隐的知识"。它由波兰尼在《个体知识》一书中提出，主要是相对于显性知识而言的。默会知识是一种只可意会不可言传、经常使用却又不能通过语言文字符号予以清晰表达或直接传递的知识。如我们在做某事的行动中所拥有的知识，这种知识即是所谓的"行动中的知识"（Knowledge in Action），或者"内在于行动中的知识"（Action-Inherent Knowledge），本质上是一种理解力、领悟力、判断力，比如眼光、鉴别力、趣味、技巧、创造力等。显性知识只是知识的外壳，默会知识才是其内核。显性知识的流动相对简单，而默会知识的个性化程度高。默会知识因为源自个人的特殊背景与实践经历，所以很难与他人进行沟通与分享，需要借助强联系才能得以传递。

科学传播中包含了大量的默会知识，因此，科学传播不是科学与传播的简单相加，而是一个涉及社会学、心理学、传播学、公共管理等多个学科的交叉领域。科普示范平台建设研究需要在对现有科普示范平台及栏目的传播体系、内容、手段、渠道等方面进行研究的基础上，不断拓宽研究视角，融合研究视域，聚焦科学传播实践，综合采用多样化的研究方法和研究手段、工具，探索未来创新的突破口及发展路径。为拓展科普示范平台研究的广度与深度，未来的研究应着重围绕以下几个方向进行：

1. 借鉴国外科普平台经验，从社会学及公共管理角度，分析科普示范平台如何处理科学传播职能发挥与社会治理之间的协同关系，研究主流科普示范平台在应急科普、网络内容及舆情治理上发挥价值效用的实践进路

史密森学会的成功，重要原因之一是能妥善处理学会与社会各界的关

系，与政府治理之间实现了良性的互动，在学会运行过程中，始终存在着学会与科学共同体及政府的互动过程，通过支持政府科研机构的活动，史密森学会赢得了政府支持。新媒体环境下的科学传播，是一个政府部门、科普平台、科学共同体、官方权威媒体及自媒体、公众的互动实践过程。政府部门在科学传播中占据核心位置，科学传播是其进行社会治理的有力辅助。而科学共同体作为核心科学信息来源，其对于科研成果的发布和阐释也主要服务于政府部门。官方主流媒体主要在凝聚共识方面发挥作用。自媒体一方面能够从形式或更加细分的话题进行内容补充，另一方面也可能挑起争论。而作为信息传播、接收的终端，公众在整个科学传播过程中是科学对话的有限参与者。科普示范平台在科学传播互动实践过程中，逐渐成为多方信息交换及意见反馈的关键渠道，是放大科学传播效能的重要物质载体。

网络舆情传播是多学科交叉的研究领域。从心理学角度看，从众心理、情感表达心理、投射心理是学者对于网络谣言传播中网络受众拥有的心理的普遍认同。网民的参与性、猎奇性、匿名性、个性化等心理，使网络谣言得以大肆传播。在当下自媒体盛行的互联网环境中，信息的迅速传递与情感感染效应非常强烈，甚至会出现异常强烈的舆情反应。广大网民在各自的价值观、信念、态度、意见、情绪和情感的社会心理学因素共同作用下，带动了以网络为核心的重大突发公共卫生事件中的舆情结果，而这些心理上的反应与每一个个体对信息的认知水平、个体在社会上扮演的角色以及个体在舆情发生过程中自身所处的地位和状态密切相关。发挥科普示范平台的科学传播效用，积极开展应急科普，干预不良舆情，是一项事关社会安定团结的重要工作。此外，科普示范平台不仅承担着科学传播职能，还承担着其他重要职能，如进行公民教育、配合政府治理等。要协调好平台与科技组织、学会、协会、各级政府、教育机构等社会各界的关系，最大限度地使科学传播与政府治理、社会治理之间实现良性互动。

　　未来的研究中，还应开展科普示范平台基本职能与其他职能之间的协同策略研究，并且深入研究科普示范平台如何协调统筹各方资源，在应急科普及舆情治理上更好地发挥效用。

2. 从科学传播史角度，梳理国内科普示范平台的发展历史，开展科普示范平台建设的政策相关性分析

　　要围绕科学传播史叙事，结合多元研究方法，进一步梳理国内科普示范平台的发展历史，以拓展研究者视野，同时也便于读者全景掌握科学传播史的发展脉络。首先要坚持以马克思主义世界观和方法论为指导，在百年未有之大变局、新科技革命、创新发展及媒体融合背景下审视科普示范平台研究的定位，寻求新突破。未来研究中要进一步加强对科学传播史史料的分析，实事求是地开展科普示范平台发展历史的研究，不断创新思路，更加细致地观察研究语境和技术变迁，对科普示范平台研究的定位、意义形成更加清晰的认识。同时也要避免陷入"辉格史观"[①]的泥淖，避免片面化、碎片化的认识干扰，在科学传播支撑创新发展的关键要素、关键问题上进行突破。其次，扩展研究视角，从管理学、组织行为学、新公共服务理论、多中心治理理论等角度，研究如何建立科普示范平台的协同治理机制。梳理我国科学普及和科技创新相关政策，结合科学传播史料及科普示范平台发展历程，分析政策与平台发展、科普效能发挥的相关性，为科普及科技创新政策制定提供参考依据。再次，将科普示范平台发展置于中国科学传播史乃至世界科学传播史研究视野之中进行审视与分析，研究科普

---

① 辉格史观一词来自英国历史学家巴特菲尔德（Herbert Butterfield）于1931年的一个演讲。根据Butterfield的观点，辉格史观者相信在历史学中存在演变的逻辑，用现在的标准评判过去。用通俗的话语来讲，即辉格史观描述的一切历史都是基于现在为出发点，传达的历史都是为现在服务。

示范平台建设与国家科普能力提高、国际竞争力提升、国家影响力及对外
传播、国家形象塑造的相关性。

3. 突破"经验—功能"视角，将实证研究与规范研究相结合，
实现二者优势互补，将效能评估扩展深化至科普示范平台价值研究

　　当前，开展科普评估的理论基础多源自科技和教育等领域，以评估教
育效果的泰勒模式、评估科技研发经费使用效率的"投入－产出"模型、
评估公共政策绩效的"4E"模型为代表。以上都属于在经验—功能视角
下进行的实证研究。规范研究方法建立在思辨哲学、先验哲学的基础之上，
更加注重价值问题的探讨，强调不同的价值理念和兴趣偏好。规范研究主
要用来分析研究对象"应该是什么"，是从应然的角度分析各种政治现象。
实证研究方法是建立在实证主义基础之上，它支撑的是旨在说明事实、建
构符合事实经验状态的理论结构，基本研究手段是一套定性与定量相结合
工具性手段。实证研究主要用来分析研究对象"是什么"，是从实然的角
度分析并解释问题。①社会科学中的规范研究方法和实证研究方法并不是
绝对互斥的。随着社会实践的发展，二者体现出了融合的趋势。涉及科学
传播、科普示范平台科普实践的分析与研究，需要考虑价值导向问题，研
究者要在尽可能排除自身价值偏好的前提下，通过实证研究获取一手资料
来解释科学传播实践，在此基础上依据合理的判断标准，从理性思维的视
角建构规范化理论。同时，还必须通过持续的实践检验，不断地提升和总
结理论。实证研究与规范研究的相互结合，可以确保理论建构及逻辑保持
内在一致性，也可为理论的证实和证伪提供检验依据。

　　面对突出科普价值引领作用的新要求，科普承担着服务人的全面发展、

---

① 　王芮，林士辉. 浅谈如何突破实证研究的局限性［J］. 法制与社会，2017（20）：
286－287.

服务创新发展、服务国家治理体系和治理能力现代化的新使命。在以往强调科学知识普及效果的基础上，科普效果评估要拓展科学精神和科学家精神弘扬效果的评估，助力营造科学理性的社会氛围。要着重加强对科学精神和科学家精神弘扬效果评估的理论研究，寻求抽象精神具象化进而量化的途径。当前，科普评估研究存在重视定量评估研究而忽视定性评估研究的趋势。从评估流程看，定量评估研究的关键在于相关数据的收集和处理，而定性评估研究需要评估者开展大量的调研，积累丰富的经验，从而进行合理的评估。定量评估研究比定性评估研究更加方便易行，且其结果相对直观、简洁。随着近年来数字化转型理念的贯彻实施，科普的定量化评估趋势愈发明显，尤其在科普能力评估领域更是如此。当前重视数据处理方法的研究思路，正是过度重视定量评估研究的表现，貌似丰富了科普评估研究的方法，实际上可能只是得到了重复的、无意义的研究成果。更重要的是，进行定量评估研究的前提是评估要素可量化，但科普实践经验表明，科普中的许多要素是难以量化的，如科普活动对弘扬科学精神的促进作用。过度重视或强调定量评估会使得评估结果存在以偏概全的风险。①在科普示范平台建设的后续研究中，要在规范研究方法的基础上，突出定性研究手段的应用，将效能评估扩展到价值研究。不仅要关注科普示范平台的科学传播效能，更重要的是要突出科普示范平台推动创新发展及社会进步的综合价值效用。

4. 完善现有研究框架，丰富研究方法，在未来5—10年的时间段对科普示范平台及栏目进行跟踪研究

在未来的研究中，应当融合社会学、心理学、知识传播学的知识体系，

---

① 邵华胜，郑念.我国科普评估研究的发展与展望［J］.科普研究，2022.17（5）：40–46＋102–103.

将不同学科、不同范式、不同方法深入交叉，相互借鉴，通过多元观点的碰撞，拓展学科外延，寻求更大的发展空间，进一步扩大和延伸科普示范平台研究范围，提升研究水平。要积极引入人工智能、数据挖掘等新技术和研究工具，为科普示范平台研究注入新的活力。同时，综合运用各种调查方法（如访谈、问卷、观察、测验等），开展问题调查与实地调查，避免形式主义、经验主义，提升所获得资料的可信度，确保调查的科学性和准确性。要注重研究的延续性，在未来5—10年的时间段对科普示范平台及栏目进行跟踪研究，不断丰富科普栏目及示范平台案例样本。在数据获取上，要注重时间段的统一，开展重点指标要素与平台传播效能相关性研究，不断优化评估指标体系，提升指标的准确性、科学性、时效性。

在具体的研究主题上，一是需要加强对科普示范平台的科普资源共建共享机制的研究。研究开发社区教育信息资源、推动学习型社区及社区教育信息化建设、实现科普信息资源共享的机制及具体举措，促进社区教育与科普示范平台科普工作的有效互动。例如，研究在科普示范平台建设中如何整合社会力量，如何更有效发挥政府的角色与职能，以及如何促进社区居民及社会力量参与等。加强科普示范平台科学传播与学校科普教育一体化研究，通过科普与教育的资源对接实现二者的深度融合发展。二是要研究高端科普如何发挥引领作用及高端科普在科普示范平台建设中的价值效用。发挥高端科普引领作用是科普示范平台建设的突破点与创新手段，需要深入开展对科普平台同类高端科普活动及栏目传播效果及科普效能的研究。三是要继续深化"一体两翼"科普实践动力机制的研究并完善相应的制度化结构，开展科普示范平台支持创新发展的相关案例研究及调查研究。动力机制的理论严谨性及科学性需要在科普示范平台的科学传播实践中进一步确证，动力机制本身也需要与时俱进，不断完善与深化。

随着新技术手段的应用，科普传播主体范围不断扩大。庞大的科普信息传播主体难以确保科普信息的权威性。信息传播过程中"把关人"角色的缺失削弱了科普信息的真实性和可靠性。尤其是在突发公共事件中，谣言和伪科学的大量涌现为科学传播带来显著挑战。"流量经济"的驱动使科普信息的科学性大打折扣，信息传播主体对"阅读量""点击率"的过分强调对科普信息的有效传播产生了巨大的负面影响。知识产权侵权现象频发阻碍了权威科普信息的生产传播，新媒体的盗版侵权行为直接导致传统媒体生存环境恶化。以上因素都制约了科普事业的健康、有序、高质量发展。当前，新技术的变革正在快速重塑媒体传播，在媒体融合不可阻挡的趋势与潮流之下，科学传播的主体、内容、模式都因势而变。新一轮产业革命中突破性新技术的应用，犹如硬币的一体两面，科普示范平台建设研究在获得更多机遇、研究工具及手段更为丰富的同时，也面临着诸多挑战。在科普示范平台建设中如何更好地发挥新技术的作用，如何确保科学传播内容的权威性，如何加强科学传播内容的知识产权保护，如何在科普示范平台中深度整合传统媒体以发挥其最大效用，都将成为未来的研究重点。随着新技术手段层出不穷，针对未来科学传播实践中将会出现的各种新范式、新形态，如何与时俱进、从多学科及多元主体视角展开研究，也是富有挑战性的研究课题。

附 录
《科创中国·院士开讲》节目清单

　　截至2023年6月，《科创中国·院士开讲》已邀请20位院士线上开讲，包括中国工程院院士13位，中国科学院院士7位，覆盖新能源、装备制造、地质研究、食品科学、航天航空、神经科学、智慧农业、数字经济、双碳、军工、生物医药等多个领域，毛明、刘嘉麒、曹春晓、徐志磊、孙宝国、龙乐豪、杜祥琬等院士主讲。截至2023年3月21日，栏目已成为抖音平台的热门话题之一，栏目累计播放量达1.98亿次，点赞量486.2万次。抖音和西瓜视频两个平台粉丝总量109万余人。相关视频、资讯内容得到新华社、人民网、央广网、中国新闻周刊、新京报、凤凰周刊等媒体的报道与肯定。《科创中国·院士开讲》节目清单见下表。

《科创中国·院士开讲》节目清单

序号	嘉宾	主题	观看链接
第一期	中国科学院院士、兵器首席专家　毛明	制造业设计的发展趋势	https：//www. kczg. org. cn/yuanshi/detail?id=112016
第二期	中国工程院院士、武器工程专家　徐志磊	创新必须颠覆传统	https：//www. kczg. org. cn/yuanshi/detail?id=112019

续表

序号	嘉宾	主题	观看链接
第三期	中国科学院院士、地质学家 刘嘉麒	月球上的土壤标本比黄金还珍贵	https：//www. kczg. org. cn/yuanshi/detail?id=112385
第四期	中国工程院院士、香料和食品风味化学专家 孙宝国	未来食物发展趋势	https：//www. kczg. org. cn/yuanshi/detail?id=112487
第五期	中国科学院院士、神经科学家 张旭	没有脑科学 就没有人工智能	https：//www. kczg. org. cn/yuanshi/detail?id=112785
第六期	中国科学院院士、材料科学家、钛合金专家 曹春晓	中国航空有"钛"度	https：//www. kczg. org. cn/yuanshi/detail?id=112819
第七期	中国工程院院士、国家农业信息化工程技术研究中心首席科学家 赵春江	全球智慧农业展望	https：//www. kczg. org. cn/yuanshi/detail?id=113039
第八期	中国科学院院士、高分子化学家 李永舫	太阳能应用及太阳电池	https：//www. kczg. org. cn/yuanshi/detail?id=113046
第九期	中国工程院院士、金属增材制造专家 王华明	大型金属构件增材制造技术	https：//www. kczg. org. cn/yuanshi/detail?id=113045
第十期	中国科学院院士、精神病学与临床心理学家 陆林	健康梦是中国梦的重要内容	https：//www. kczg. org. cn/yuanshi/detail?id=113048
第十一期	中国工程院院士、光纤传送网与宽带信息网专家 邬贺铨	算力与算力网络	https：//www. kczg. org. cn/yuanshi/detail?id=113473

续表

序号	嘉宾	主题	观看链接
第十二期	中国工程院院士，运载火箭与航天工程技术专家　龙乐豪	中国火箭与航天	https：//www. kczg. org. cn/yuanshi/detail?id=113512
第十三期	中国工程院院士，应用核物理、强激光技术和能源战略专家　杜祥琬	能源的故事和双碳目标	https：//www. kczg. org. cn/yuanshi/detail?id=113552
第十四期	中国工程院院士，机械设计及理论专家　王玉明	高端装备流体密封技术展望及科技与人文的相互融合	https：//www. kczg. org. cn/yuanshi/detail?id=113642
第十五期	中国工程院院士、农业电气自动化与电子信息工程专家　汪懋华	农业现代化回顾与展望	https：//www. kczg. org. cn/yuanshi/detail?id=113688
第十六期	中国工程院院士、人机与环境工程技术专家　王浚	航天点亮梦想	https：//www. kczg. org. cn/yuanshi/detail?id=113786
第十七期	中国工程院院士、化学工程专家　金涌	从诺贝尔奖谈创新思维的养成	https：//www. kczg. org. cn/yuanshi/detail?id=113904
第十八期	中国工程院院士、采矿工程专家　康红普	煤炭的故事	https：//www. kczg. org. cn/yuanshi/detail?id=114226
第十九期	中国工程院院士、自动武器专家　朵英贤	轻武器不轻 从步枪看国产枪族迭代升级	https：//www. kczg. org. cn/yuanshi/detail?id=114505
第二十期	中国科学院院士、分子微生物学家　赵国屏	合成生物学的昨天今天和明天	https：//www. kczg. org. cn/yuanshi/detail?id=114535